Pythonでチャレンジする プログラミング入門

もう挫折しない! 10の壁を越えてプログラマーになろう

石上 晋(susumuis)・横山 直敬(nao_y)［著］

技術評論社

JN009392

◆本書をお読みになる前に

・本書に記載された内容は、情報の提供のみを目的としています。したがって、本書を用いた運用は、必ずお客様自身の責任と判断によって行ってください。これらの情報の運用の結果について、技術評論社および著者はいかなる責任も負いません。
・本書記載の情報は、2022年10月現在のものを掲載していますので、ご利用時には、変更されている場合もあります。
・本書で紹介するソフトウェア／Webサービスはバージョンアップされる場合があり、本書での説明とは機能内容や画面図などが異なってしまうこともあり得ます。

以上の注意事項をご承諾いただいたうえで、本書をご利用願います。これらの注意事項をお読みいただかずに、お問い合わせいただいても、技術評論社および著者は対処しかねます。あらかじめ、ご承知おきください。

◆商標、登録商標について

本書に掲載した社名や製品名などは一般に各メーカーの商標または登録商標である場合があります。会社名、製品名などについて、本文中では、™、©、® マークなどは表示しておりません。

まえがき

本書をお手にとっていただき、ありがとうございます。

昨今、プログラミングに関心を寄せる人が増えています。その背景には、コロナ禍を契機に高まったリモートワークへの注目と、IT技術を応用して業務を改善するデジタルトランスフォーメーション（DX）の広がりがあります。

本書の筆者2名は現役のプログラマーで、初学者向けのIT勉強会の運営に関わっています。これまでに初学者の手助けをしてきた経験から、プログラミング学習でつまずくところには多くの共通点があることに気づきました。

そこで本書では、つまずきやすいポイントを“壁”として表現しました。はじめてプログラミングを学ぶ方も、一度挫折してしまった方も、本書をプログラミングの世界を歩み始めるためのガイドブックとして活用していただければと思います。

はじめに

本書について

本書は「プログラミング学習で挫折してしまった経験のある方」をプログラミングの世界へと導くガイドブックとしての役割を果たします。具体的には、初学者の挫折に共通する原因を「10の壁」として定義し、それぞれの壁を乗り越える方法を示します。

それらは、はじめてプログラミングを学ぶ方にとっての“転ばぬ先の杖”にもなるでしょう。プログラミングを着実に学んでいくための道筋を示すとともに、初学者がつまずきやすいポイントの解決策やアドバイスを盛り込むことで、プログラミングの経験がまったくない方にも理解しやすい内容となっています。

プログラミング初学者の方も想定していますので、プログラミングに関する前提知識は必要ありませんが、「キーボードを使った文字入力」「ファイルのコピーや削除」といったPC（パソコン）の基本知識については理解していることを前提としています。自信のない方はPCの入門書に目を通しておくことをお勧めします。

本書の目指す「プログラマー」の姿とは

本書は読者のみなさんが「10の壁」を越えて「プログラマー」になることを目指します。本書が目指す「プログラマー」は職業の名称ではありません。プログラマーとは「プログラムを書く人」のことです。より正確に言うと「自らの問題に対して、プログラムを書くという選択肢を持っていて、実際にプログラムを書いて解決できる」人のことです。

問題解決のために書くプログラムは簡単なものでも良いです。大量のファイルのリネームをする、定型文の文面を自動生成する、Twitterのフォロワーを集計する、百人一首を覚えるために上の句と下の句の結び付けクイズを自分のために作るなどでも良いでしょう。このような簡単な問題に対して「そうだ！　プログラムを書こう」と自然と思いつき、実際に書き始めることができれば、その人は立派なプログラマーと言えます。

「プログラミングをする」という選択肢を持っていることで、今までには見えなかった世界が見えることでしょう。プログラミングを職業とするかどうかはその先です。「プログラマー」になればその延長線上の1つにある、「職業としてのプログラマー」に就くことも見えてくるでしょう。まずは「10の壁」を越えて「プログラマー」になることを目指してください。

10の壁とは

本書で定義している「10の壁」は次のとおりです。挫折せずに学習を進めるには、これらの壁を1つずつ順番に乗り越えていくことが重要です。

〈学習継続力の壁〉 学習が苦しい気持ちになって学び続けられない
〈PCスキルの壁〉 プログラミングに必要なPCの知識が足りない
〈環境構築の壁〉 プログラミング環境がうまく作れない
〈変数の壁〉 変数などの基礎文法がよくわかっていない
〈組み立て方の壁〉 プログラムの組み立て方がわからない
〈練習から実用への壁〉 実用的なプログラムが作れない
〈読みやすいコードの壁〉 読みやすいプログラムが書けない
〈アイデア実現の壁〉 何を作ったら良いかわからない
〈完成の壁〉 作り始めたプログラムを完成させられない
〈プログラマーらしさの壁〉 プログラマーらしいライフスタイルがわからない

本書の読み方

本書では1つの章が1つの壁に対応しています。はじめてプログラミングを学ぶ方は本書をはじめから読み進めて、壁を着実に乗り越えていきましょう。プログラミングを学んだことがあり、一度挫折した経験がある方は、まずは挫折したポイントに近い章を探しましょう。そして、その章の少し前に遡って本書を読み進めることをお勧めします。なぜなら、越えられたと感じている壁でも実際はうまく乗り越えられていないことがあるからです。それぞれの章を小さなゴールとしてとらえて、学習を進めていきましょう。

本書のスタンス

本書では、プログラミング言語Pythonを使って学習をしていきます。ただし、Pythonの機能を網羅的に説明するものではありません。プログラムを書きながら10の壁を越えることを目標にしています。本書を読み終えたときには、プログラマーとしての新たな扉が開けることでしょう。読者のみなさんがプログラマーの道へと踏み出せるようになることが筆者たちの願いです。

謝辞

本書のレビューに参加してくださった杉山剛さん、mocamocaland（森智生）さん、鈴木たかのりさん、吉田花春さん、nakagamiさん、菅野万紀子さん、岡島希美さん、kenkenさん、ごりっぺさん、大崎有依さん。筆者たちが見落としていた点をいくつも示唆してくださり、ありがとうございました。

本書の企画からさまざまな助言をくださった、編集者の中田瑛人さん、出版に向けて多大なるアドバイスをしてくださった辻真吾さん、テストの専門家として結合テストの考え方について助言をくださったnatsuさん、分野は違えど出版経験者として辛いときに相談に乗っていただいた中村香住（レロ）さん、本書の原稿を使ったテスト講義を受けていただいたしぇるさん。みなさんからいただいた言葉やフィードバックのおかげで、こうして書籍として完成させることができました。ありがとうございます。

進捗を報告するたびにnao_yに励ましの言葉を掛けてくれた“推し”、日頃から作業場所として使わせていただいているシーシャカフェのスタッフの方に深く感謝します。

4年の長期に渡る執筆期間ずっとsusumuisを天国から見守ってくれた最愛の妻友理。ここに無事出版できたことを報告し、12年間の結婚生活への感謝の気持ちとして捧げます。

2022年11月　susumuis、nao_y

目次

第1章 学習継続力の壁

学習が苦しくならないために

この章では、プログラミング学習の第1の壁：学習継続力の壁（学習が苦しい気持ちになって学び続けられない）を乗り越えます。プログラミング学習では学ぶことが多く、思いどおりに学習が進まないこともあるでしょう。思いどおりに進まないと、だんだん苦しい気持ちになってしまい、耐えきれず挫折してしまうこともあります。しかし、初学者が苦しい気持ちになる原因の多くはプログラミング学習に必要ではないものです。学習が進まず初学者が苦しい気持ちになる背景には4つの「間違った考え方」があります。プログラミング学習に挫折した経験がある方は、自分が当てはまっていないかをチェックしてください。

1.1 初学者が抱きがちな4つの「間違った考え方」とは

プログラミング初学者を見ていると、時々苦しそうに学習している方を見かけます。そのまま続けていたら、挫折してしまうのではないかと心配になります。心配になるのは、次のような考え方の人に対してです。

- 本に書いてあることは全部暗記しなければならないと考えている
- いっさい間違えてはいけないと考えている
- 他人と同じくらいのスピードで学習すべきであると考えている
- どうしたらいいか想像もつかないくらい高い目標を掲げ、その目標を達成しなければならないと考えている

これらはプログラミング学習を苦しくしてしまうばかりか、そもそも必要でない、間違った考え方です。なぜ間違った考え方なのかを詳しく説明します。

1.2 本に書かれていることを全部暗記しなくて良い理由

プログラミングを初めて学ぶ人が入門書を読み始めると、そこには知らない言葉と膨大な情報があふれていて呆然とすることでしょう。そんな中で、それらすべてを暗記しようとすれば、あっという間に理解力のキャパシティを超えてしまいます。

プログラマーの人たちはこのような膨大な知識を記憶するのが得意な人なのでしょうか？　そして、記憶力が足りない自分はプログラミングに「向いていない」のでしょうか？

いいえ、それは違います。プログラミングに暗記は必要ありません。実際、筆者はけっして記憶力が良いほうではありません。仕事でプログラミングをしていても、文法や関数の呼び出し方を忘れてばかりです。それでもプログラマーとして働くことができています。

忘れてしまったら、そのことが書かれている本や資料を読み返せば良いのです。大事なことは何度も調べる内に、段々と身についていきます。ですから「本に書かれていることを全部暗記しよう」と考えないようにしましょう。その代わり、**説明の道筋を理解し、内容を大枠で覚える**ようにしましょう。そして、**はじめは「どの本のどのあたりに何が書いてあるか」を覚える**ようにしましょう。

1.3 「間違ってはいけない」と思わなくて良い理由

ある程度プログラムの知識が身についてきても、自分でプログラムを書くことを怖がっている人がいます。そういった人は**「間違った」プログラムを書くことは「怖い」**と思っているようです。

しかし、怖がる必要はありません。間違ったプログラムを書いてもPCが壊れることはほとんどありません。ですから、間違うことを恐れることはありません。間違ったプログラムを書くことは良い経験にもなります。どのように間違えるとどうなるのかをたくさん知ることは大事なことです。

「間違ってはいけない」と考えてしまうのは、入門書の構成やプログラミング教室での教え方にも原因があるでしょう入門書やプログラミング教室の授業では、間違ったプログラムが書かれることはまずありません。そのため、入門書の筆者や教室の先生は間違えずにプログラムをすらすら書けると初学者は錯覚してしまいます。

しかし、本当は入門書の筆者も教室の先生も陰では試行錯誤しています。そういった試行錯誤している姿をすべて見せることが教育的には良いことでしょう。しかし、入門書には紙面の都合があり、教室では授業時間の都合があり、すべてを見せることはできません。結果的に、事前に確かめた「正しい」プログラムを淡々と示すことになっています。

大事なのは、どんなに試行錯誤しても、最終的に思ったとおりに動けば問題がないということです。**ですから間違ってしまうことを怖がらず、どんどんプログラムを書いて、どんどん間違えながら学習しましょう。**

1.4 他人と学習スピードを比べなくて良い理由

もし、一緒に学習する初学者の仲間がいる場合、学習のスピードは人それぞれであることに気づくでしょう。中にはものすごく速い人がいます。それに比べて、自分が他の人よりも遅いとわかると**「自分は向いていないのではないか」**と思ってしまうかもしれません。

しかし、プログラミング学習の速さと「向き不向き」は関係ありません。本書でこれから見ていくように、プログラミング学習には「壁」がいくつもあります。それぞれの「壁」をどれだけ高く感じるかは人それぞれです。たとえば、Aさんにはとても高く感じる「壁」を、Bさんはいとも簡単に越えられるかもしれません。でもBさんが高くて乗り越えられない別の「壁」を、Aさんは苦もなく乗り越えられるかもしれません。

学習スピードに限らず、そもそも、プログラミングは人と競争するものではありません。プログラミングの分野は広く、それぞれ得意不得意があるのは当たり前です。プログラマー同士は所属する会社やコミュニティが違っても、技術の情報を共有して助け合っていく仲間です。ですから、**人と比べるのではなく、自分の目の前にある「壁」を越えていってください。**

1.5 高過ぎる目標を設定しなくて良い理由

「プログラミングで新たなサービスを作って世界を変えたい！」という高い目標を持って学習を始める方も多いです。確かにプログラミングには大きな可能性があります。その大きな可能性にワクワクするものでもあります。

しかし高い目標を持ち過ぎることは、心が折れる原因にもなりえます。それは、プログラミング初学者にとって、高い目標を達成するための道筋がまったく想像もつかないからです。高い目標だけを追いかけようとすると、道筋が見えないことが気になり、やがて絶望を感じて挫折してしまうでしょう。

高過ぎる目標が苦しくなったら、いったんその目標を捨ててしまいましょう。代わりに、日々「小さな成功体験」を重ねていきましょう。「昨日はこれができた」「今日はこれができるようになった」「だから明日はこれができそう」と一歩一歩進むことによって確実にプログラミングの力はついていきます。そして、気がつけば「こんなに高いところまで来たのか！」と感じるほどの地点に到達していることでしょう。その先には、高過ぎて道筋もわからなかった当初の目標への糸口が見つかるかもしれません。ですから、**焦らず、今日は今日できることを一歩一歩進めていきましょう。**

1.6 プログラミング学習は「学校の勉強」とは違う

これまでに挙げた4つの考え方を、どうして多くの初学者の方は持ってしまうのでしょうか？それは、学校の勉強がそうだったからでしょう。学校では、教科書に書いてある「正しい答え」を暗記し、テストで模範解答を書くことが目標でした。「間違った答え」を答案に書いたら単純に不正解です。テストの点数は「周りと比較」され、より上位の成績を取るためには「高い目標」を設定することが良いこととされていました。

一方、プログラミングは違います。プログラミングは「先生」が期待する「正しい答え」を覚えるのではなく、自分の問題を解決するために自由にプログラムが書けるようになることを目指します。ですから、**プログラミング学習をするにあたっては、学校での勉強のやり方はいったん忘れてしまいましょう。**

1.7 プログラミングという登山の第一歩を踏み出そう!

では、どのように考えてプログラミングを学習すると良いのでしょうか？　筆者は、プログラミング学習は登山に似ていると考えます。山は一歩一歩、足を進めていけば、必ず頂上に到達できます。焦っていたり、足元をよく見ないで歩いたりすると、怪我をしてしまって危険です。

登っていて息苦しくなったら、休んで深呼吸をしましょう。そしてペースを落としましょう。突然、道が険しくなったら、一度立ち止まって周りを見渡しましょう。道を間違えているかもしれません。

最終的に到達した頂上には今まで見えなかった景色が広がっているでしょう。景色を見て味わうすばらしい達成感や、景色が見えることによる新たな発見は、ここで言葉にするよりもみなさん自身に味わってほしいと思います。

本書はみなさんが登山中に足を踏み外したり、道に迷ったりしないようにするためのガイドブックです。ぜひ、ガイドブックを片手に、この登山にチャレンジしてください！

第2章 PCスキルの壁

プログラミングに必要なPCの知識を身につけよう

この章では、プログラミング学習の第2の壁：PCスキルの壁（プログラミングに必要なPCの知識が足りない）を乗り越えます。プログラミングを学習するにあたり、PCの使い方に不安があると、それが学習の妨げになることがあります。そこでプログラミングの学習を始める前に、プログラミング学習で必要となるPCの使い方を確認しましょう。

2.1 本書の読者に期待するPCの基本スキル

本書では以下のような一般的なPCの操作ができることを前提としています。もし、これらについて不安がある方は、WindowsやmacOSといったPCの入門書を先に読んで学習してください。

- マウス操作の基本であるクリック、ダブルクリック、ドラッグ&ドロップ
- キーボードを使った文字入力
- ワープロソフトなどを使ったファイルの作成、保存
- WindowsのエクスプローラーやmacOSのFinderを使ったファイルのコピー、削除

本章では一般のPCユーザーにはあまり縁がないが、プログラマーにとっては必要不可欠とされるPCのスキルを学びます。

2.2 ファイルについて理解を深めよう

まずは、ファイルについて理解を深めておきましょう。みなさんは、普段から何気なくファイルやディレクトリ（フォルダ）を扱っているかもしれません。しかし、プログラマーにとって、ファイルの概念を理解して絶対パスや相対パスを使いこなすことは必須です。ファイルやパスの理解が

あいまいだと、このあとで説明するターミナルを使うことができません。

ファイルとは何か

ファイルとは、ハードディスクやSSD、ネットワークなどに保存された画像や文書データを管理するためのしくみです。画像や文書といったデータはひとつひとつファイルに分けられて扱われます。ファイルには**ファイル名**と呼ばれる名前が付けられています。

ファイルはWindowsのエクスプローラーやmacOSのFinderというアプリを使用することで閲覧したり、コピーしたり、削除したりすることができます。

ファイルの種類は拡張子によって判別されていることを知ろう

ファイルの中身がどのようなデータか判別するためのしくみが**拡張子**です。拡張子はファイル名の末尾についている、`.`（ドット）から始まる文字の並びです。ファイルを保存するとき、ファイル名の末尾に`.docx`や`.xlsx`という文字の並びがついています。これが拡張子です。よく使われる拡張子として**表2.1**があります。

▼表2.1　よく使われる拡張子

拡張子	データの種類
.docx	Microsoft Wordの文書データ
.xlsx	Microsoft Excelの表計算ワークブックデータ
.txt	テキストデータ
.jpg	JPEG画像データ
.mp3	MP3オーディオデータ
.mp4	MP4動画データ
.exe	Windowsアプリケーション実行ファイル

この先の章でプログラミングをするにあたって、ファイルにプログラムを記述することがあります。プログラムを書いたファイルにはそのプログラミング言語固有の拡張子を付けるのが一般的です。たとえば、本書で学ぶPythonのプログラムファイルには`.py`という拡張子を付けます注2.1。

プログラミングをする人にとって拡張子は大事なものにかかわらず、Windows、macOSともに初期状態では拡張子が非表示になっています。そこで、拡張子が非表示になっている場合は、以下の手順で表示する設定にしておきましょう。

注2.1）第5章以降で登場しますので、そのとき思い出しましょう。

Windowsの場合

コントロールパネルから［エクスプローラーのオプション］を選択します（図2.1）。

▼図2.1　Windowsで拡張子を表示する設定（1）

次に、詳細設定の［登録されている拡張子は表示しない］のチェックを外します（図2.2）。

▼図2.2　Windowsで拡張子を表示する設定（2）

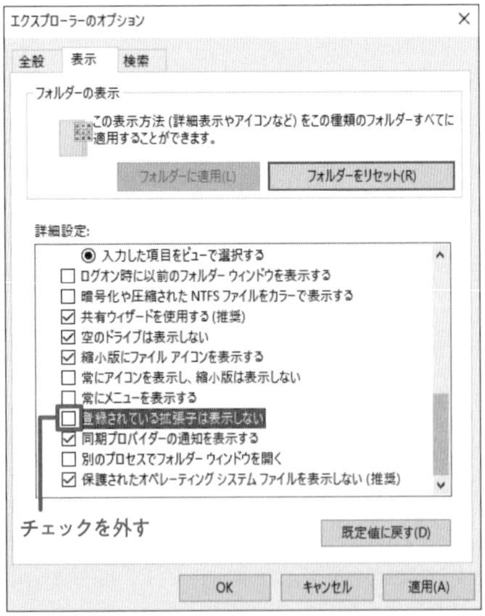

macOSの場合

Finderの［環境設定］を開き、［詳細］タブの［すべてのファイル名拡張子を表示］にチェックを入れます（図2.3）。

▼図2.3　macOSで拡張子を表示する設定

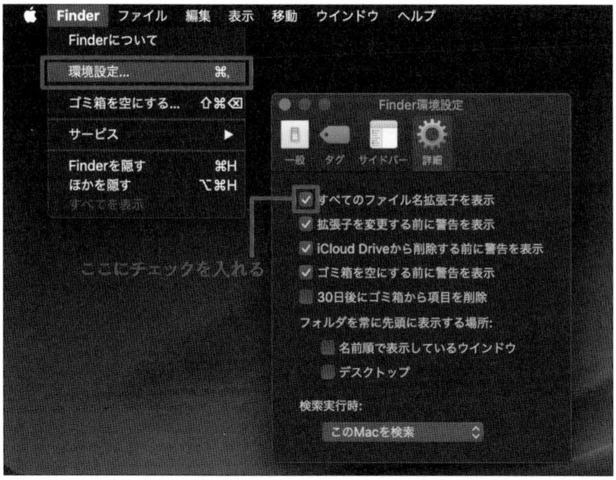

ファイルはディレクトリによって整理されていることを知ろう

たくさんのファイルを扱うためには整理するしくみが必要になります。そこで、**ディレクトリ**と呼ばれるしくみを使って階層構造でファイルを整理します。普段からPCを使っている方はフォルダという名称を目にしたことがあるかと思います。ディレクトリは実質的にフォルダと同じととらえてかまいません。しかし、プログラミングの世界ではフォルダとは呼ばずディレクトリと呼びます。

ルートディレクトリがあることを知ろう

階層構造には頂上があります。頂上のディレクトリのことを**ルートディレクトリ**と呼びます。WindowsとmacOSでルートディレクトリの考え方には違いがあります。

Windowsの場合

Windowsにはディレクトリの上位にドライブと呼ばれる概念があり、ドライブごとにルートディレクトリがあります。ドライブは通常、SSDやHDD、光学ディスク、SDカードといった記憶装置ごとに1つ割り当てられています。システムがメインで使う記憶装置（HDDやSSD）のドライブはCドライブであることが一般的です。

Windowsを使用している方はエクスプローラーでCドライブのルートディレクトリを見てみましょう。エクスプローラーの左側の領域から**PC**をクリックします。右側の**デバイスとドライブ**の欄に**ローカルディスク（C:）**（この表示は環境によって異なる場合があります）と表示されたアイコンをダブルクリックしてください（**図2.4**）。

▼ 図2.4　Windowsでルートディレクトリを確認（1）

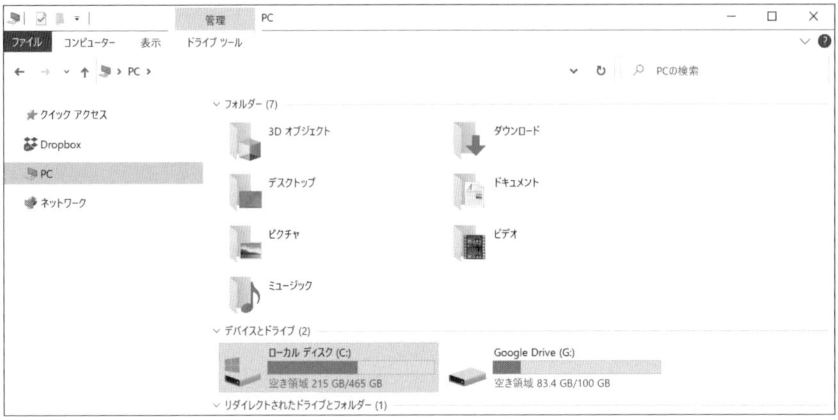

その中に表示されたディレクトリがルートディレクトリです。ルートディレクトリには**Program Files**、**Windows**などのディレクトリがあります（**図2.5**）。

▼ 図2.5　Windowsでルートディレクトリを確認（2）

日本語環境の場合は**ユーザー**という名前のディレクトリがあるはずです。これは本来は**Users**という名前のディレクトリですが、わかりやすさのためにここでは日本語化されています。このあとの節で学ぶターミナルで表示するときは英語の名前で表示されますので注意してください。

macOSの場合

macOSの場合はシステムで1つだけルートディレクトリがあります。macOSを使用している方はFinderでルートディレクトリを見てみましょう。Finderを開き、メニューから［コンピュータ］をクリックします（図2.6）。

▼図2.6　macOSでルートディレクトリを確認（1）

［Macintosh HD］を選択すると、ルートディレクトリの中が表示されます（図2.7）。

▼図2.7　macOSでルートディレクトリを確認（2）

ただし、この状態では大部分のファイルやディレクトリが隠されています。［⌘］キーと［⇧］キーを押しながら［.］キーを押すと、**bin**、**etc**、**usr**などのディレクトリが表示されます（図2.8）。

▼図2.8 macOSでルートディレクトリを確認(3)

日本語環境の場合、本来英語のディレクトリである`Application`は**アプリケーション**、`Users`は**ユーザ**のように日本語化されて表示されます。これらは、このあとの節で学ぶターミナルで表示するときは英語の名前で表示されますので注意してください。

ファイルやディレクトリの場所をパスで示すことを知ろう

ファイルやディレクトリは住所のような文字の並びによって示すことができます。文字の並びで示したファイルの場所を**パス**と呼びます。

パスでは、ディレクトリ名、ファイル名を区切り文字で区切って示します。区切り文字はWindowsでは\(バックスラッシュ)、macOSでは/(スラッシュ)が使用されます。ただし日本語環境では歴史的経緯により、\という文字が¥(円記号)に割り当てられているため、¥を区切り文字として使用します。

たとえば、Aディレクトリの下の、Bディレクトリの下の、`c.txt`というファイルがある場合は、それぞれのOS、環境では次のように表記します。

- 日本語版Windows：`A¥B¥c.txt`
- 英語版Windows：`A\B\c.txt`
- macOS：`A/B/c.txt`

このように、環境によって表記が揺れることを嫌うため、一般的に表記するときは/で統一することが多いです。本書でもとくに断りがない場合、/はディレクトリ区切り文字であり、Windowsを使用している場合は¥や\に読み替えてください。また、本章ではわかりやすさのため¥という記号を記載していますが、次章以降ではWindows特有の表示を紹介する際も¥を使わず、本来の区切り文字である\を使用するのでご注意ください。

絶対パスと相対パスを知ろう

パスには絶対パスと相対パスという2種類の表現方法があることも覚えておきましょう。

絶対パスとは

絶対パスは、ルートディレクトリからすべてのディレクトリ階層をたどって対象のファイルの位置を示すパスです。絶対パスを使えば、コンピュータ上のディレクトリやファイルの位置を完全に特定できます。WindowsとmacOSで表現のしかたが異なります。

Windowsでは、ドライブ文字、**:**（コロン）、**¥**（日本語環境以外では\）のあとにルートディレクトリからのパスを書いていきます。

日本語環境では次のように表記されます。

```
C:¥Users¥susumuis¥sample.txt
```

¥は本来は\ですので、英語版など海外のWindowsでは次の表記をします。

```
C:\Users\susumuis\sample.txt
```

Cドライブのルートディレクトリ自体は次のように表記します。

```
C:¥
```

海外のWindowsでは次のように表記します。

```
C:\
```

macOSでは、ルートディレクトリ**/**からパスを書いていきます。

```
/Users/susumuis/sample.txt
```

ルートディレクトリ自体は単に**/**と表記します。

第1章
第2章
第3章
第4章
第5章
第6章
第7章
第8章
第9章
第10章

```
/
```

相対パスとは

相対パスは、あるディレクトリから見た、相対的なファイルの位置を示します。通常はカレントディレクトリというパスを基準にします。カレントディレクトリについてはのちほど説明します。

基準となるディレクトリを**.**で表記し、その一階層上のディレクトリを**..**で表記します。したがって、基準となるディレクトリが**/A/B/C**であるときに**/A/B/D/sample.txt**を示す場合は次のように表記します(区切り文字は使っているOSごとに読み替えてください)。

```
../D/sample.txt
```

基準となるディレクトリが**/A/B/C**であるとき、**/A/B/C/E/example.jpg**のように同じディレクトリの場合は次のように**./**で始めて表記することもできます。

```
./E/example.txt
```

相対パスで**./**から始まる場合は**./**を省略しても良い、という決まりがあるため、単に次のように表記しても問題ありません(図2.9)。

```
E/example.txt
```

▼図2.9　絶対パスと相対パス

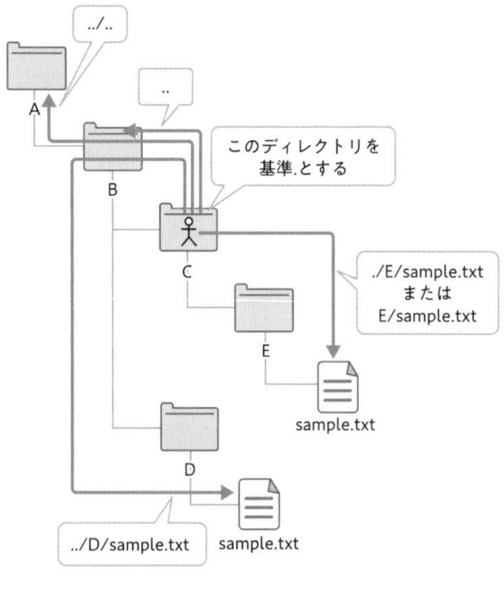

絶対パスか相対パスを区別するには

パスが示されたときは、とくに断りがなくても、絶対パスなのか相対パスなのかを見分ける必要があります。

見分け方は簡単です。パスが、先頭が**ドライブ文字:¥**や**ドライブ文字:**、**/**から始まっていれば絶対パスです。そして、それ以外は相対パスであるとみなして問題ありません。

練習

❶ Windowsにおいて、`Windows`ディレクトリ内の`notepad.exe`というファイルは「メモ帳」というアプリケーションの実行ファイルです。このファイルのパスを絶対パスで書いてください。

❷ macOSにおいて`Applications`ディレクトリはインストールされたアプリケーションプログラムを格納するディレクトリです。このディレクトリへのパスを絶対パスで書いてください。

❸ 基準となるパスが`/Users/susumuis`であるとき、`/Users/susumuis/foo/bar.txt`を示す相対パスを書いてください。なお区切り文字は`/`を使用してください。

❹ 基準となるパスが`/Users/susumuis/foo`であるとき、`/Users/nao_y/piyo/piyo.mp3`を示す相対パスを書いてください。なお区切り文字は`/`を使用してください。

[解答]

(1) `C:\Windows\notepad.exe`(あるいは`C:¥Windows¥notepad.exe`)

(2) `/Applications`

(3) `foo/bar.txt`(`./foo/bar.txt`でもOK)

(4) `../../nao_y/piyo/piyo.mp3`

2.3 ターミナルとコマンド

続いて**ターミナル**について学びましょう。ターミナルはプログラミングを行うとき必須となるアプリケーションです。ターミナルとは、コマンド(命令文)と呼ばれる文字の並びでコンピュータを操作するアプリケーションです。

ターミナルを使用することで、ファイル操作やプログラムの実行といった操作を実行できます。また、ターミナルはコンソールやコマンドラインと呼ばれることもあります。

なぜターミナルを使うのか

「WindowsのエクスプローラーやmacのsのFinderを使って画面上で操作できるのに、わざわざコマンドを打ち込んで操作するのは難しい」と感じる方もいるかもしれません。しかし、ターミナルは「コマンドを打ち込むだけで、ファイル操作などができる」とも言えます。このしくみは、コンピュータにとってはマウス操作やアイコンクリックによって機能を提供するよりも単純なしくみなのです(このことは、これからみなさんがプログラミングを学習する中で気づいていくことでしょう)。

プログラマーが使用するソフトウェアの多くは「プログラマーなのだからターミナルが使えることは当たり前」として、ターミナルでの使い方しか提供されていません。そのため、プログラミングを学ぶためにはまず、ターミナルを使えるようにならなければなりません。

ターミナルはコンピュータとの対話だと思えば怖くない

ターミナルを使うことが原因でプログラミング学習を難しいものと感じてしまう方もいるでしょう。

ターミナルが難しく感じる理由は、ほかのアプリケーションソフトウェアと異なった雰囲気があるからでしょう。普通のアプリケーション、たとえばワープロソフトでは、カーソルを上下左右に自由に動かすことができます。一方ターミナルは、1行しかカーソルを動かすことができず、Enter(macOSの場合は↵、以降同)を押して下へ移動したカーソルは上に戻すことはできません。しかも、メッセージが出るとどんどん上に流れていってしまいます。ワープロソフトのような感覚でターミナルを見ると、不思議なソフトウェアに感じるでしょう。

しかし、ターミナルはコンピュータとの対話プログラムであると考えれば怖くありません。私たちがLINEなどのテキストチャットソフトを使用して友達と会話することをイメージしましょう。メッセージ入力ボックスにメッセージを入力して送信ボタンを押すと、友達にメッセージが届けられます。友達があなたのメッセージを読んで返事を送信すると、あなたの画面に友達の返事が表示されるでしょう(図2.10)。

▼図2.10　テキストチャットソフトのイメージ

ターミナルは、コンピュータとテキストチャットをしているようなイメージです。テキストによる対話ですので、コンピュータへの命令であるコマンドを決められた形式で送る必要があります。正しい形式で命令を送れば、コンピュータは返事をしてくれるでしょう（図2.11）。

▼ 図2.11　ターミナルのイメージ

誤ったコマンドの使い方でPCを壊してしまうのではないかと不安になるかもしれません。しかし、そのコマンドが何を行うのかを理解しておけば怖くはありません。また、危険な使い方を防ぐための対策も施されています。

ここで、コマンドの基本的な使い方と、コマンドで何ができるのかを学ぶことで不安を乗り越えましょう。よく使うコマンドは限られています。

ターミナルを起動しよう

それではターミナルを起動しましょう。ターミナルはOSによって使うアプリケーションが異なります。本書では、Windowsでは**PowerShell**（パワーシェル）、macOSでは**ターミナル.app**というアプリケーションを使用します。

Windowsの場合――PowerShellの起動方法

スタートメニューを開いて、検索欄に「powershell」と打ち込むと表示されます(図2.12)。

▼図2.12　PowerShellの起動

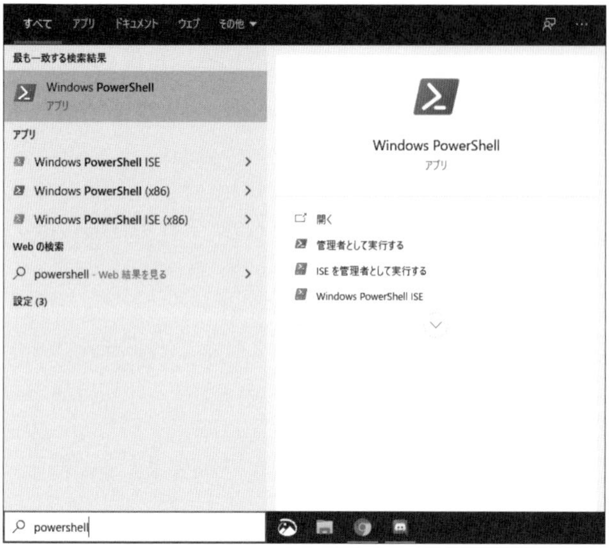

macOSの場合――ターミナル.appの起動方法

Launchpadを開いて、検索欄に「ターミナル」や「terminal」と打ち込むと表示されます(図2.13)。

▼図2.13　ターミナル.appの起動

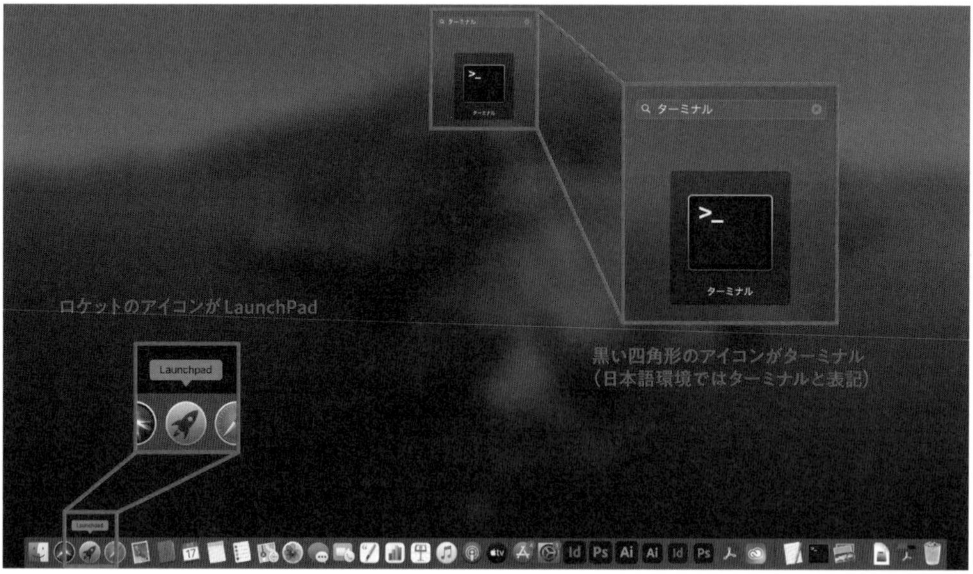

この黒い四角形のアイコンをクリックするとターミナル.appが起動します。

プロンプトを確認しよう

ターミナルを起動すると、ターミナルウィンドウの最後の行に次のような文字列が表示されているでしょう。

・Windowsの場合

```
PS C:¥Users¥ユーザー名>
```

・macOSの場合

```
ユーザー名@PC名 ~ %
```

このように**>**や**%**、あるいは**$**といった記号で終わる文字列を**プロンプト**と呼びます。プロンプトが表示されたら、ターミナルがコマンド入力待ちの状態であることを示しています。今後、本書でコマンド例を示すとき、プロンプトは単に**>**と表記します。

そして、プロンプトの右側に表示されている下線_や、薄い縦長長方形█は**キャレット**（あるいは**カーソル**）と呼びます。キーボードで文字を入力すると、キャレットの位置にその文字が表示されます（図2.14、2.15）。

▼ 図2.14　カーソルとキャレット（PowerShell）

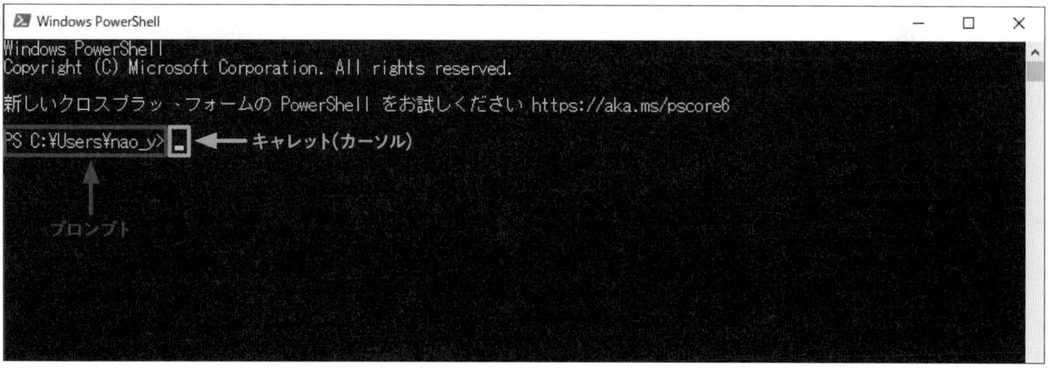

▼図2.15　カーソルとキャレット（ターミナル.app）

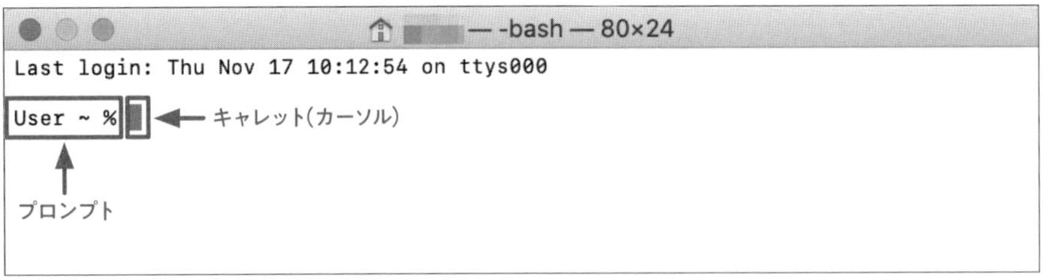

カレントディレクトリとホームディレクトリを知ろう

ターミナルには**カレントディレクトリ**という概念があります。カレントとは「現在の」という意味です。つまりカレントディレクトリとは、ディレクトリという階層構造の中で「ユーザーが今どこのディレクトリを参照しているか」という意味になります。

ターミナルを起動したとき最初にカレントディレクトリに設定されるディレクトリを**ホームディレクトリ**と呼びます。ホームディレクトリはWindows、macOSで、それぞれ次のディレクトリが設定されています。

・Windowsの場合

```
C:\Users\ユーザー名
```

・macOSの場合

```
/Users/ユーザー名
```

ユーザー名がsusumuisの場合は**C:¥Users¥susumuis**（**C:\Users\susumuis**）や**/Users/susumuis**がホームディレクトリになります。

念のため、WindowsのエクスプローラーやmacOSのFinderでもホームディレクトリを開いてみましょう。エクスプローラーでは、**ローカルディスク(C:)**→［ユーザー］→［ユーザー名のディレクトリ］とたどります。Finderでは［移動］メニューから［ホーム］をクリックすることでホームディレクトリを開けます。

さて、もう一度、起動直後のターミナルのプロンプトを見てください。

・Windowsの場合

```
PS C:\Users\ユーザー名>
```

・macOSの場合

```
ユーザー名@PC名 ~ %
```

Windowsの場合は**>**の手前に**C:\Users\ユーザー名**のように表示されているはずです。PowerShellでは、プロンプトにカレントディレクトリを表示する機能があります。

macOSの場合**~**という記号はホームディレクトリを示す特殊な記号です。つまり、macOSでも、カレントディレクトリ名がプロンプトに表示されます。ただし、Windowsの場合は**C:**から始まる絶対パスが示されるのに対し、macOSのプロンプトではディレクトリ名しか示されません。

もしわからなくなったらターミナルを閉じてやりなおそう

これからターミナルを操作するにあたって、カレントディレクトリを移動したりすることになります。そうすると、だんだん何をしているのかわからなくなってくることがあります。もしかすると、別のプログラムを起動したまま終了のしかたがわからなくなってしまうこともあるかもしれません。そんなときは、ターミナルウィンドウを閉じてもう一度開きましょう。そうすれば、カレントディレクトリがホームディレクトリの状態からやりなおすことができます。

コマンドを使ってみよう

それでは、コマンドを使ったディレクトリの移動やファイルの操作を学んでいきましょう。

現在のディレクトリを確認する:pwd

まずはpwdコマンドを覚えましょう。

プロンプトが表示されたら`pwd`と入力して[Enter]キーを押します。実行結果の表示はWindowsとmacOSで異なりますが、同じ情報を示しています。

・Windowsの場合

```
> pwd

Path
----
C:¥Users¥susumuis
```

・macOSの場合

```
% pwd
/Users/ユーザー名
```

どちらもカレントディレクトリの絶対パスを示しています。

カレントディレクトリはプロンプトに表示されるため、このコマンドは不要ではないかと思うかもしれません。しかし、macOSではカレントディレクトリのディレクトリ名しか表示されませんし、場合によってはプロンプトの表示が書き換えられてしまうこともあります。そのため、どんなときでもカレントディレクトリのパスを確かめられる**pwd**コマンドを覚えておけば安心できます。

現在のディレクトリにあるディレクトリやファイルを表示する:ls

つぎにlsコマンドを覚えましょう。

プロンプトが表示されたらlsと入力してEnterキーを押します。すると、次のように表示されるでしょう(この結果は一例です。みなさんは違う結果が表示されているかもしれませんが、似たような表示であれば問題ありません)。

・Windowsの場合

```
> ls

  ディレクトリ: C:\Users\susumuis

Mode                 LastWriteTime         Length Name
----                 -------------         ------ ----
d-----        2022/08/20     14:59                .vscode
d-r---        2020/10/05      8:24                3D Objects
d-----        2020/10/05     10:15                Apple
d-r---        2020/10/05      8:24                Contacts
d-r---        2022/10/12      3:23                Desktop
d-r---        2022/09/08     23:30                Documents
d-r---        2022/10/08     18:59                Downloads
(以下省略)
```

・macOSの場合

```
% ls
Desktop    Documents Downloads Library
```

これはカレントディレクトリの中のファイルの一覧です。現在はホームディレクトリにいるので、ホームディレクトリには**Desktop**、**Documents**、**Downloads**などのディレクトリがあることがわかります。

わからなくなったらとっさのpwd、ls

`ls`コマンドと`pwd`コマンドは、わからなくなったらとっさにすぐ打てるようにしましょう。これらのコマンドを実行しても、ファイルが書き換えられたり、何かが壊れたりすることはけっしてありません。これは、エクスプローラーやFinderで現在のディレクトリやファイル一覧が表示されている状態に相当します。つまり`pwd`、`ls`と打って得られる情報と、図2.16の画面表示は同等なのです。

▼ 図2.16　エクスプローラーでのディレクトリ／ファイル一覧

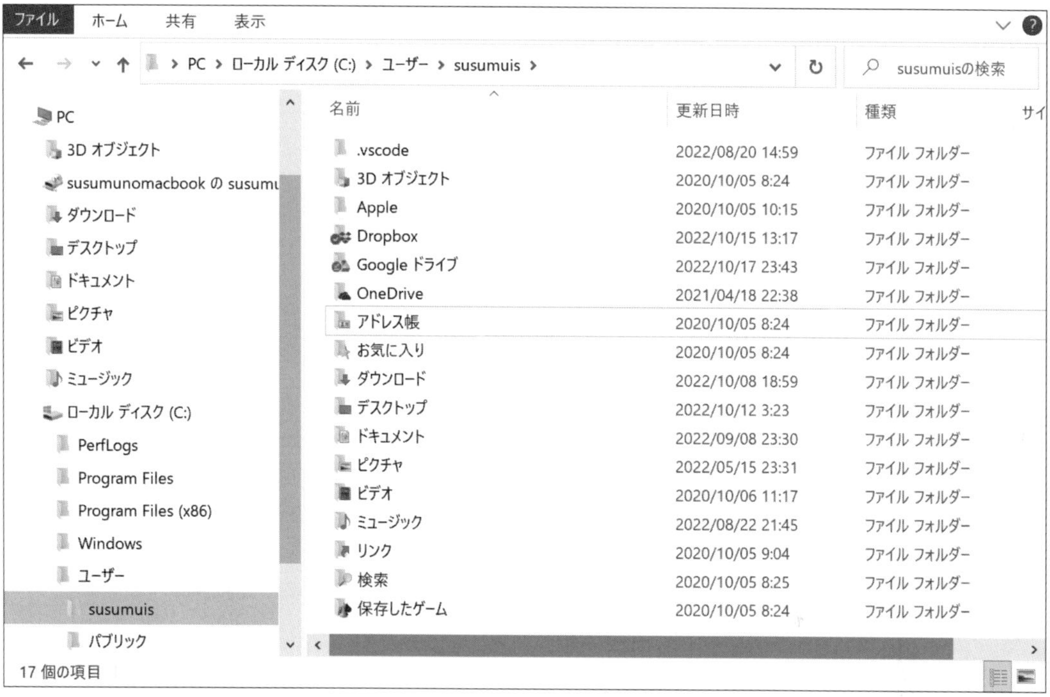

わからなくなったら`pwd`や`ls`、それでもわからなかったらターミナルを閉じて開きなおす、このやり方で進めていきましょう。

ディレクトリを作る:mkdir

コマンドを使って新しいディレクトリを作ってみましょう。**mkdir**コマンドでディレクトリを作成できます。mkdirはmake directoryの略です。プロンプト表示後に`mkdir`と打ち、さらに半角スペースを打ってディレクトリ名を記入し、Enterキーを押すことでカレントディレクトリにディレクトリを作ることができます。

```
> mkdir␣作成するディレクトリパス
```

たとえば、以下のようにコマンドを打って実行すると**programming**というディレクトリが作られます。

```
> mkdir programming
```

このように、コマンド名のあとに半角スペースで区切ってファイルやディレクトリのパスを指定することがコマンドの使い方では一般的です。

ターミナルでファイルやディレクトリを作ったり削除したりしたときは**ls**で確かめる癖をつけましょう。

・ディレクトリの確認――Windowsの場合

```
> ls

    ディレクトリ: C:\Users\ユーザー名\Desktop

Mode                 LastWriteTime         Length Name
----                 -------------         ------ ----
d-----        2021/05/04      0:36                programming
```

・ディレクトリの確認――macOSの場合

```
% ls
programming
```

たった今、コマンドで作成した**programming**というディレクトリが表示されていますね。この**programming**ディレクトリは今後、さまざまなプログラミング言語での学習に利用することにしましょう。

相対パスを利用してディレクトリの中にディレクトリを作る

相対パスを指定して、別のディレクトリの中にさらにディレクトリを作ることもできます。

本書では、プログラミング学習のためにさまざまなファイルやディレクトリを作ります。そこで、**programming**ディレクトリの中に**py-practice**というディレクトリを作って本書でのPythonの勉強用に使いましょう。

ディレクトリの中にディレクトリを作る場合は、相対パスを利用して次のように書くことができます。

```
> mkdir programming/py-practice
```

このとき、PowerShellでは、Windowsであっても、ディレクトリ区切り文字に**/**を使っても大丈夫です。ですので今後、ディレクトリ区切り文字の表記は/で統一します。

ところで、コマンドは少し長くて間違えそうですね。そこで次項で紹介するテクニックを覚えましょう。

column

練習のため、ターミナルの横にエクスプローラー(Finder)を表示しよう

練習の際、コマンド結果のディレクトリの様子を見るために、エクスプローラーやFinderを画面に並べて表示することもお勧めです(図2.A)。そのような使い方は通常しませんが、慣れるまではこのように補助的に使うのも良いでしょう。そして、エクスプローラーやFinderを使わずにファイルを扱えるようになればこの章は卒業です。

▼図2.A　左にPowershell、右にエクスプローラー

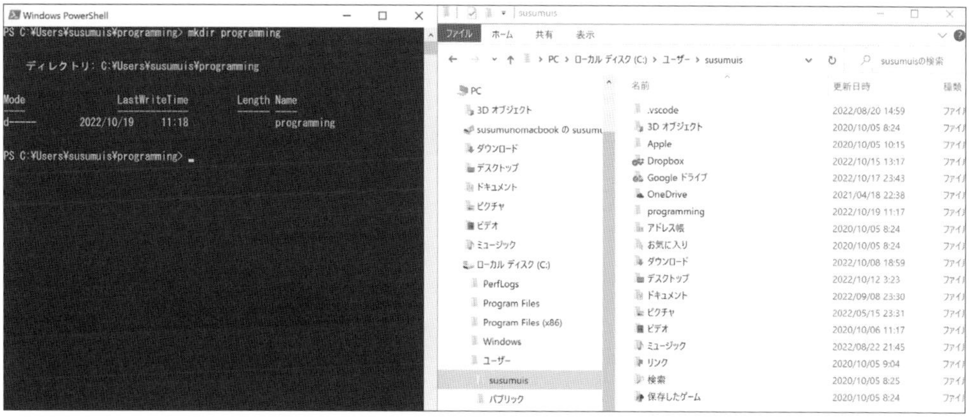

補完機能を積極的に使おう

PowerShellでも、ターミナル.appでも、便利な補完機能があるので活用しましょう。`mkdir␣prog`まで入力してから[Tab]キーを押してみてください。すると、PowerShellの場合は次のように補完されます。

```
> mkdir .¥programming¥
```

macOSの場合は次のように補完されます。

```
% mkdir programming/
```

あとは、そのままpy-practiceと書き足せばキーボードで入力する文字数を減らすことができます（PowerShellの場合はmkdir␣.¥programming¥py-practiceという表示になりますが、同じ結果になりますので大丈夫です）。補完を利用することでタイピングミスを減らせますので、積極的に活用しましょう。

もし、カレントディレクトリにprogから始まるディレクトリやファイル（たとえば**programmer**）が複数ある場合は、最後までうまく補完できないこともあります。その場合はさらに文字を追加して、同じ文字の並びから始まるディレクトリがない状態まで特定してから、もう一度Tabキーを押せば大丈夫です。

履歴参照機能を使おう

py-practiceディレクトリの中に、さらに**chapter2**というディレクトリを作って本章の練習用に使用しましょう。そのためには次のコマンドを実行しますが、今度は別の種類の便利な方法を紹介します。

```
> mkdir programming/py-practice/chapter2
```

プロンプトが表示されている状態で↑キーを押してみましょう。そうすると、前回入力したコマンドが表示されるので、以下の状態で表示されるはずです。

```
> mkdir programming/py-practice
```

さらに↑キーを押すともっと前に入力したコマンドが表示されます。戻り過ぎた場合は↓キーを押すことで先に進めることもできます。このように、ターミナルには過去に入力したコマンドの履歴を参照する機能があるので、似たようなコマンドを複数実行したいときに活用しましょう。

あとは/chapter1と入力すれば、非常に少ない入力で上記のコマンドを実行することができます。

ディレクトリを移動する:cd

cdコマンドでカレントディレクトリを別のディレクトリに移動できます。cdはchange directoryの略です。

以下のようにcdのあとに半角スペースで区切って移動先のディレクトリパスを指定します。

```
> cd␣移動先のディレクトリパス
```

先ほど作った**programming/py-practice/chapter2**ディレクトリに移動してみましょう。

```
> cd programming/py-practice/chapter2
```

ここでも補完を利用すると楽ですので、活用してください。

cdコマンドを使ったら、すぐに**pwd**を使って正しく移動できているか確認する癖をつけると良いでしょう。

```
> pwd

Path
----
C:\Users\susumuis\programming\py-practice\chapter2
```

目的のディレクトリに移動できていますか？　もし、目的のディレクトリに移動できていなかったら、打ち間違いがないか確認してやりなおしましょう。どうしてもわからなくなったら、ターミナルを閉じて開きなおすことでホームディレクトリからやりなおせます。

pwdコマンドで目的のディレクトリにいることを確認できたら、**ls**コマンドでディレクトリの中を確認しましょう。**chapter2**ディレクトリは作成したばかりで空ですので、何も表示されずにプロンプトが表示されるはずです。

```
> ls
>
```

cdコマンドは絶対パスと相対パスの両方に対応しています。相対パスでは、1つ上の階層は**..**ですので、次のコマンドは1つ親のディレクトリ、すなわち**py-practice**に移動することを意味します。

```
> cd ..
```

上記コマンドのあと、**pwd**、**ls**の結果をぜひ確認してみてください。それでは、**chapter2**に戻りましょう。

```
> cd chapter2
```

column

ターミナルでは必ず「コマンド」「対象のパス」の順で指定する

エクスプローラーやFinderでは、ディレクトリの移動はフォルダアイコンをダブルクリックすることで行えます。そのため、これらに慣れているとターミナルでも次のようにディレクトリ名を直接指定したくなるかもしれません。

```
> chapter2
```

しかし、このようにディレクトリ名を書いたところで何も起こりません。ターミナルでは必ず「コマンド」「対象のパス」の順番で指定します。アイコンをダブルクリックするというイメージではないことに注意してください。

ファイルを作る:New-Item -Type fileまたはtouch

コマンドでファイルを作ることもできます。ただし、WindowsとmacOSでコマンドが異なります。Windowsの場合は**New-Item -Type file**コマンドを使用して以下のように書きます。

```
> New-Item␣-Type␣file␣作成するファイルのパス
```

macOSの場合は**touch**コマンドを使用して以下のように書きます。

```
% touch␣作成するファイルのパス
```

コマンドは異なりますが、結果は同じです。それでは、現在のディレクトリに**test.txt**を作ってみましょう。

・Windowsの場合

```
> New-Item -Type file test.txt
```

・macOSの場合

```
% touch test.txt
```

どちらのOSでも、コマンドを実行したら**ls**コマンドで**test.txt**が作られていることを確認しましょう。

```
> ls
```

このコマンドで作られたファイルは空のファイルです。メモ帳などで内容を表示すると何も書かれていないテキストファイルになっているでしょう。

ファイルをコピーする:cp

ファイルをコピーするには**cp**コマンドを使います。cpはcopyの略です。

以下のように、cpのあとに半角スペースで区切って、コピー元とコピー先のパスを指定します。

```
> cp␣コピー元のパス␣コピー先のパス
```

test.txtをコピーして、**test_2.txt**を作ってみましょう。

```
> cp test.txt test_2.txt
```

lsコマンドで**text_2.txt**が作られていることを確認しましょう。

ファイルを移動する／ファイル名を変更する:mv

ファイルを移動するには**mv**コマンドを使います。mvはmoveの略です。

使い方は以下のとおりです。

```
> mv␣移動対象のパス␣移動先のパス
```

test_2.txtを1つ上のディレクトリに移動してみましょう。

```
> mv test_2.txt ../
```

移動したファイルがカレントディレクトリからなくなっていることを**ls**コマンドで確認しましょう。

```
> ls
```

lsコマンドの後ろにパスを指定することで、そのパスの内容を確認することもできます。移動先のディレクトリも確認してみましょう。

```
> ls ..
```

移動した**test_2.txt**が結果に含まれていますね？　それでは、移動した**test_2.txt**を戻します。カレントディレクトリに移動する場合は**.**を移動先に指定します。

```
> mv ../test_2.txt .
```

mvコマンドはファイルの名称変更（リネーム）に使うこともできます。リネームする場合は移動先のパスにファイル名まで指定します。**test_2.txt**を**test_3.txt**にリネームしてみましょう。

```
> mv test_2.txt test_3.txt
```

lsコマンドで**text_2.txt**が**text_3.txt**にリネームされていることを確認しましょう。

```
> ls
```

ファイルを削除する:rm

ファイルを削除するにはrmコマンドを使います。rmとはremove（削除する）の略です。
使い方は以下のとおりです。

```
> rm␣削除対象のファイルのパス
```

rmコマンドで削除したファイルは「ゴミ箱」には入らずにすぐに削除されます。**rm**コマンドを使うときは、間違ったファイルを指定していないか慎重に確認しましょう。
それでは**test_3.txt**を削除してみましょう。

```
> rm test_3.txt
```

lsコマンドで**text_3.txt**が削除されたことを確認します。

```
> ls
```

ディレクトリを削除する:rmdir

最後に、この章の練習で使用した**chapter2**ディレクトリを削除しましょう。ディレクトリを削除するには**rmdir**コマンドを使います。rmdirとはremove directory（ディレクトリを削除する）の略です。

使い方は以下のとおりです。

```
> rmdir␣削除対象のディレクトリのパス
```

まずは、カレントディレクトリが**chapter2**自体に設定されているので、1つ上のディレクトリに移動しましょう。

```
> cd ..
```

cdコマンドを使ったら**pwd**、**ls**コマンドを使って、たしかに目的のディレクトリに移動できていることを確かめてください。

```
> pwd

Path
----
C:¥Users¥susumuis¥programming¥py-practice


> ls


    ディレクトリ: C:¥Users¥susumuis¥programming¥py-practice


Mode                 LastWriteTime         Length Name
----                 -------------         ------ ----
d-----        2022/10/19     10:50                chapter2
```

目的どおり、**py-practice**ディレクトリに移動しており、ディレクトリ内には**chapter2**ディレクトリが存在することが確認できましたね！

さて、通常**rmdir**を使うときはディレクトリを空にしてから行います。

ディレクトリ内にファイルやディレクトリが残っているときの動きは、OSによってわずかに違いがあります。

Windowsでは以下のように、メッセージが表示されます。

```
> rmdir chapter2

確認
C:¥Users¥susumuis¥programming¥py-practice¥chapter2¥ の項目には子があり、Recurse
パラメータが指定されていませんでした。続行した場合、項目とともにすべての子が削除されます。続行しますか?
[Y] はい(Y)  [A] すべて続行(A)  [N] いいえ(N)  [L] すべて無視(L)  [S] 中断(S)  [?] ヘルプ (既定値は "Y"):
```

ここでYを選んでも良いですが、やはり、ディレクトリは空にして削除をするほうが、間違ったファイルを消してしまうミスを防げて安全ですので、ここではNと入力しましょう。

macOSでは以下のように単にエラーになります。

```
rmdir: chapter2: Directory not empty
```

rmdirで確認メッセージがエラーが出ないように、ディレクトリに残っている**test.txt**を削除しましょう。

```
> rm chapter2/test.txt
> rmdir chapter2
```

コマンドを実行したら、**ls**コマンドで**chapter2**ディレクトリが削除されたことを確認します。

```
> ls
```

何も表示されずプロンプトが出たら、**chapter2**ディレクトリが削除され、**py-practice**ディレクトリが空であることがわかります。

2.4 ファイルとディレクトリ構造、便利なコマンドをおさらいしよう

この章では以下の概念を学びました。

- 拡張子
- ディレクトリ
- 絶対パス
- 相対パス
- ターミナル
- カレントディレクトリ
- ホームディレクトリ

また、以下のコマンドを学びました。どのようなコマンドであったかおさらいしましょう。

- pwd
- ls
- mkdir
- cd
- New-Item -Type fileまたはtouch
- cp
- mv
- rm
- rmdir

これらはこれからプログラミングを学ぶうえで必須となります。思い出せなければ、もう一度読み返して、覚えるようにしましょう。

練習

ターミナルを閉じて開き直して、この章の手順をもう一度やりなおしてみましょう。ただし、この章が終わった時点でprogramming/py-practiceディレクトリは作成済みですので、作成する必要がないことに注意してください。chapter2ディレクトリをprogramming/py-practiceに作成するところから練習してください。

第3章 環境構築の壁

プログラミング環境を正しく作ろう

この章では、プログラミング学習の第3の壁：環境構築の壁（プログラミング環境がうまく作れない）を乗り越えます。プログラミングをするために必要なハードウェアやソフトウェア一式のことを「プログラミング環境」と呼びます。プログラミング環境を作ることは初学者にとって、大きな難関と言われます。初学者のつまずきの多くが、実はプログラミング環境をうまく作れていないことに起因します。本章では、みなさんが無事にプログラミング環境を構築し、そのあとでつまずくことがないようにお手伝いします。

3.1 プログラミング環境が学習のつまずきになる理由を知ろう

筆者は勉強会で出会う初学者の方から、次のような質問を受けることがよくあります。

「本に書いてあるとおりにプログラムを書いたのに動きません！」

こういったとき、プログラムが期待どおりに動かない原因には2通りあり、その割合はほぼ半々です。

- 実際には本と同じプログラムを書けていないケース
- 本当に本とまったく同じプログラムを書けているケース

前者の場合は間違いを見つけ、修正する方法を伝えることで前に進むことができます。たとえば、半角スペースを入れるべきところに全角スペースを入れてしまっていないか、アルファベットの**l**（エル）と数字の**1**（いち）を間違えていないかなど、注意して見るように伝えます。

しかし、後者の場合は厄介です。本と同じプログラムを書き、同じ手順で操作しているのに、本に書いてあるとおりに動かない場合、原因はプログラミング環境にあります。つまり、最初にプログラミング環境を問題なく構築できていればつまずくことがなかった問題なのです。このような状態になってしまうと初学者が自己解決することは困難です。ですので問題におちいる前に、なるべくトラブルが起きない方法で環境を構築することが大切なのです。

3.2 PC環境をシンプルにすることでトラブルを防ごう

では、プログラミング環境の構築でトラブルが起こる原因は何でしょうか？　多くの場合、プログラミング環境を構築するPCの環境がシンプルな状態ではないことが原因です。シンプルなPC環境とは、PCにソフトウェアがあまりインストールされておらず、購入時に近い状態のことです。PCはインストールされたソフトウェアが互いに影響しあうことがあり、ソフトウェアを大量に入れるとトラブルが発生しやすくなります。

もし、新しいPCを用意してプログラミング学習を始めるのならば、環境構築での失敗の可能性は低いでしょう。この節は飛ばして次の節へ進んでください。

現在使用しているPCでプログラミング学習を始める場合は、不要なソフトウェアを削除し、PC環境をできるだけシンプルな状態に近づけましょう。とくに、すでに古いのバージョンのPythonや、Anacondaと呼ばれるソフトウェアがインストールされている場合は削除することをお勧めします。これらがインストールされていると、これからインストールするPythonと競合し、トラブルの原因となりやすいためです。

Windowsを使用している場合は、[設定] - [アプリ] から不要なソフトウェアを「アンインストール」(削除) できます (図3.1)。

▼図3.1　不要なソフトウェアを削除 (Windowsの場合)

macOSを使用している場合は、Finderから［アプリケーション］項目を表示して、不要なアイコンをゴミ箱へドラッグ&ドロップすることでソフトウェアを削除できます（**図3.2**）。

▼図3.2　不要なソフトウェアを削除（macOSの場合）

この中で、過去に自分でインストールした覚えがあって、今は使っていないものは削除して良いでしょう。たとえば、昔遊んでいたけれど今は起動していないゲームや、以前仕事で必要になってインストールしたけれど今は使っていないソフトウェアです。一方で、自分でインストールした覚えのないソフトウェアは、PCにとって重要なソフトウェアである可能性があるため削除しないのが安全です。

少しでも消せるソフトウェアを消して購入時に近づけておくほど、プログラミング環境に起因するトラブルは防げるでしょう。

3.3 必要最小限のソフトウェアをインストールしよう

これから、プログラミング用のソフトウェアをインストールしていきます。ここでは以下のソフトウェアをインストールします。

- Python
- Visual Studio Code

これ以外のソフトウェアは必要ありません。多くインストールするとPC環境を複雑にしてしまうのは、プログラミング用のソフトウェアも同じです。学習をするときは、最小限のソフトウェアを使って学習しましょう。

3.4 Pythonをインストールしよう

まずはPCにPythonをインストールしましょう。

Pythonとは何か

プログラムを書いて実行するためにはプログラミング言語処理系と呼ばれるソフトウェアが必要です。Pythonはその1つです。**Python**はプログラミング言語Pythonで書かれたプログラムを実行する処理系です。プログラミング言語の名前もソフトウェアの名前も「Python」ですのでややこしいですが、ソフトウェア「Python」をPCにインストールすることによってプログラミング言語「Python」で書かれたプログラムを実行できるようになります。

本書ではPCにPythonをインストールし、プログラミング言語Pythonを書くことによってプログラミングを学んでいきます。

column プログラミング言語の種類と入門にPythonを選ぶ理由

プログラミング言語は1つではありません。世の中には200種類以上のプログラミング言語があると言われています。その中でも2022年現在、よく使われる言語として次のものがあります。

- C《シー》/ C++《シープラスプラス》
- Python《パイソン》
- JavaScript《ジャバスクリプト》
- C#《シーシャープ》
- Java《ジャバ》
- Visual《ビジュアル》 Basic《ベーシック》
- PHP《ピーエイチピー》
- Ruby《ルビー》
- R《アール》
- MATLAB《マトラボ》
- Swift《スウィフト》
- Go《ゴー》

本書では以下の理由で、初学者が学ぶ言語としてPythonをお勧めします。

- 広く利用されている
- 文法が簡潔で学習しやすい
- 多くの用途で利用できる

しかし、どの言語にも良いところがあり、複数の言語を学び使いこなしていくことがプログラマーには必要でしょう。ほかの言語を学びたい方は本書を読んでプログラミングの雰囲気を学んだあと、それぞれの言語の入門書にチャレンジしてください。

手順に従ってインストールしよう

説明にしたがってインストールを完了しましょう。WindowsとmacOSでは画面表示や手順が違います。はじめにWindowsでのインストール手順から説明しますので、macOSを使用している方はページを進めて「macOSにインストールする」節（P.53）から読んでください。

column 画面の表示が本と違うときはどうしたらいい？

本書では2022年10月時点の画面やメッセージをもとに説明しています。しかし、インターネット上の情報は日々変化しますので、みなさんが手を動かすときには、わずかに違うかもしれません。

そんなときは焦らなくても大丈夫です。インストールに必要な操作は大きく変わりません。そして、多くの場合、画面の選択項目は何も変えずに「次へ」で進めていく操作がもっとも一般的で推奨された操作になります。ですので、本書で説明していない画面が現れたときは、落ち着いて説明を読んでみて、迷ったら初期状態のまま「次へ」進めるボタンを押してみましょう。

また、Python.jp（https://www.python.jp/）というサイトに「Python環境構築ガイド」があります。Web上のコンテンツですので随時更新されるメリットがあります。動画によるインストール方法も紹介されていますので、併せて参考にしても良いでしょう。

Windowsにインストールする

Windowsでは、次の手順でインストールします。

(1) Python公式サイト（https://www.python.org/）をWebブラウザで開く。WebブラウザはMicrosoft Edge、Google Chrome、Mozilla Firefoxどれを使っても良い
(2) [Downloads] と書かれた文字の上にマウスカーソルを当てる
(3) [Downloads for Windows] という文字の下に表示される [Python 3.XX.X] ボタンを押す（**図3.3**）注3.1

注3.1) 32bit版Windowsを利用している場合は、このボタンではなく、https://www.python.org/downloads/windows/から [Windows installer (32-bit)] というリンクをクリックしてください。自分が64bit版か32bit版どちらのWindowsを使用しているかわからないときは、スタートメニューを右クリックして [システム] をクリックし、表示されるウィンドウで [システムの種類] の欄に記載されています。

▼ 図3.3　WindowsでのPythonのインストール(1)

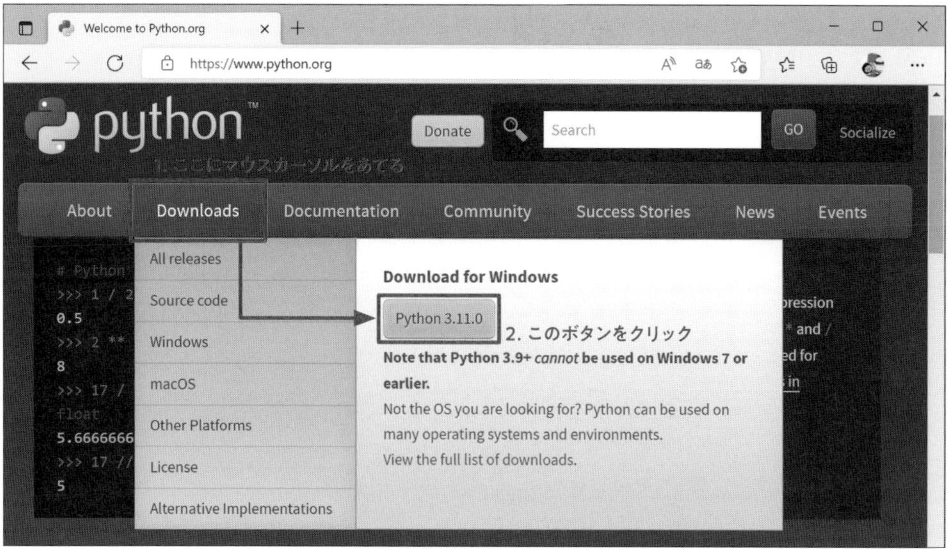

3.XX.XのXの部分には3.11.0のような数字が入ります。これは**バージョン番号**と呼ばれるものです。バージョン番号は数ヵ月単位で変わります。画面表示例では、2022年10月時点の3.11.0となっています。以降の説明で3.X、3.XX.Xと書いている場合はその時点のバージョン番号として読み替えてください。バージョン番号について、詳しくは章末のコラム「プログラミング言語のバージョンを意識しよう」で説明しています。

(4) ダウンロードが終わったらエクスプローラーを開く
(5) **ダウンロード**ディレクトリに**`Python-3.XX.X-amd64.exe`**という名前のファイルができているのでダブルクリックする(**図3.4**)

▼ 図3.4　WindowsでのPythonのインストール(2)

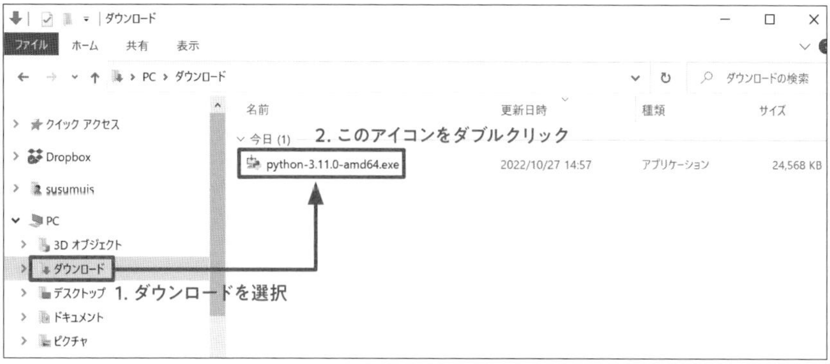

(6) [Add python.exe to PATH] にチェックを入れ、[Install Now] という文字をクリックする（**図3.5**）

▼図3.5　WindowsでのPythonのインストール(3)

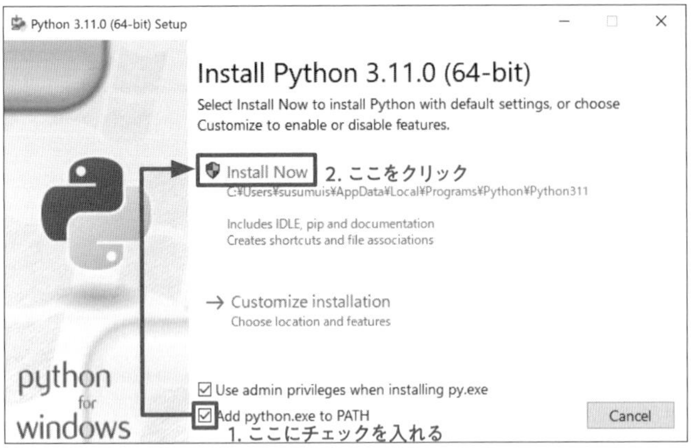

(7)「このアプリがデバイスに変更を加えることを許可しますか？」というメッセージが表示された場合は [はい] をクリックする（**図3.6**）

▼図3.6　WindowsでのPythonのインストール(4)

(8) [Setup Progress] という画面のゲージが塗りつぶされるまで待つ（**図3.7**）

▼ 図3.7　WindowsでのPythonのインストール(5)

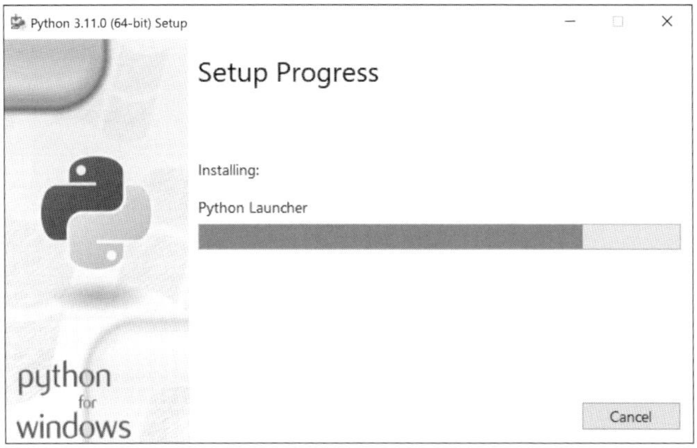

(9) [Setup was successful] という画面が表示されたら完了。[Close] を押してインストーラを終了する（**図3.8**）

▼ 図3.8　WindowsでのPythonのインストール(6)

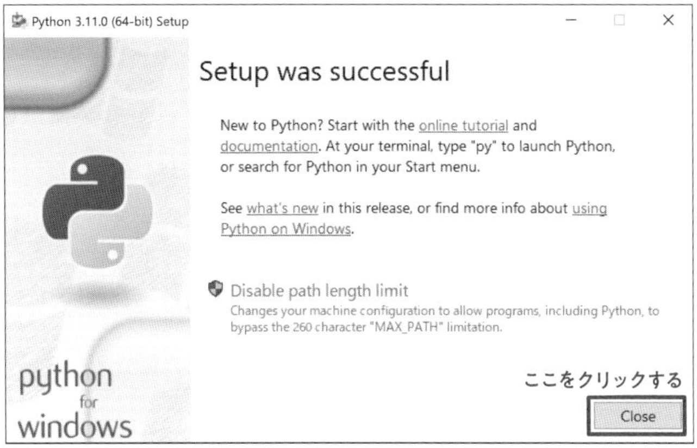

これで、WindowsにPythonがインストールされました。それではさっそく使ってみましょう。

Pythonを使うときは、第2章で説明したPowerShellを使います。もし、Pythonをインストールする前からPowerShellを起動したままの状態だった場合は、一度×ボタンを押してPowerShellを終了してください。

新たに起動したPowerShellで、`python␣-V`と打ち込んで Enter キーを押してください。Python 3.11.0のようなバージョン番号が表示されたらPythonのインストールが成功しています（**図3.9**）。

▼ 図3.9　Pythonのインストールを確認

Pythonのインストールが正しく行われていることを確認したら、pythonと打ち込んでEnterキーを押しましょう。すると>>>という文字列が表示されてキャレットが表示されます(**図3.10**)。これをPythonの**対話モード**と呼びます。

▼ 図3.10　Pythonの対話モードを起動

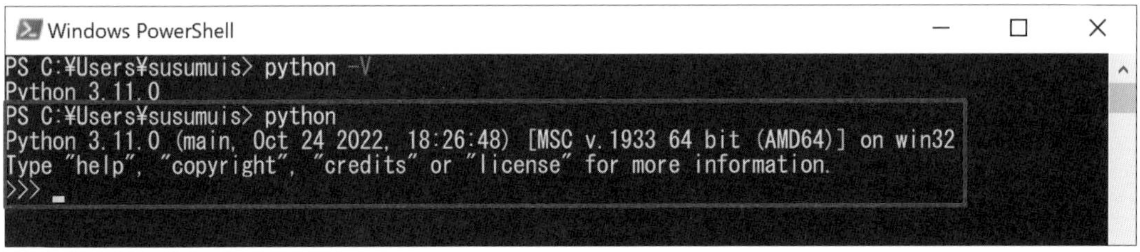

対話モードでは**>>>**をプロンプトと呼びます。プロンプトが表示されたら、プログラムを入力できる状態になっています。

プログラムの学習は次章以降で行いますので、ここでは「対話モードを終了する」というプログラムを入力して対話モードを終了します。対話モードから抜けるにはquit()と打ち込んでEnterキーを押します(**図3.11**)。

▼ 図3.11　対話モードを終了する

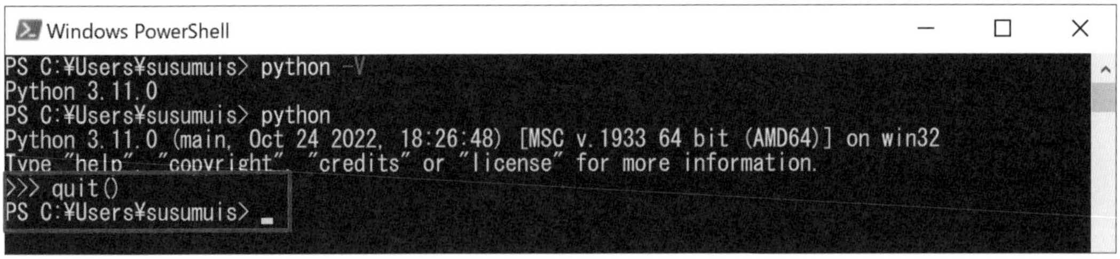

WindowsでのPythonのインストールは以上です。「Visual Studio Codeのインストール」節(P.64)へ進んでください。

column

Pythonのインストールをやりなおす

もし、pythonコマンドを実行して次のようなエラーが起きるか、あるいはMicrosoft StoreのPythonページが表示されてしまったら、Pythonが正しくインストールされていません。

```
python : The term 'python' is not recognized as the name of a cmdlet, function, script file, or
operable program. Check the spelling of the name, or if a path was included, verify that the path
is correct and try again.
At line:1 char:1
+ python
+ ~~~~~~
    + CategoryInfo          : ObjectNotFound: (python:String) [], CommandNotFoundException
    + FullyQualifiedErrorId : CommandNotFoundException
```

この場合は、インストールをやりなおしましょう。インストールをやりなおす場合は、ダウンロードディレクトリの [python-3.XX.X-amd64.exe] をもう一度ダブルクリックします。すると [Modify Setup] というウィンドウが表示されますので、[Uninstall] をクリックしてください (図3.A)。

▼図3.A　Pythonをアンインストール

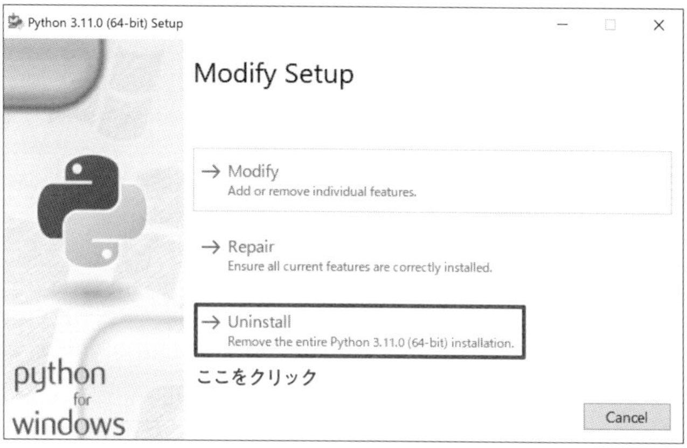

これでインストールする前の状態に戻ります。再び [Python-3.XX.X-amd64.exe] をダブルクリックすると、インストールをやりなおすことができます。

macOSにインストールする

macOSでは、次の手順でインストールします。

(1) Python公式サイト (https://www.python.org/) をWebブラウザで開く。WebブラウザはSafari、

Google Chrome、Mozilla Firefoxどれを使っても良い

(2) [Downloads] と書かれた文字の上にマウスカーソルを当てる

(3) [Downloads for macOS] という文字の下に表示される [Python 3.XX.X] ボタンを押す (**図3.12**)

3.XX.XのXの部分には3.11.0のような数字が入ります。これは**バージョン番号**と呼ばれるものです。バージョン番号は数ヵ月単位で変わります。画面表示例では、2022年10月時点の3.11.0となっています。以降の説明で3.X、3.XX.Xと書いている場合はその時点のバージョン番号として読み替えてください。バージョン番号について、詳しくは章末のコラム「プログラミング言語のバージョンを意識しよう」で説明しています。

▼ 図3.12　macOSでのPythonのインストール(1)

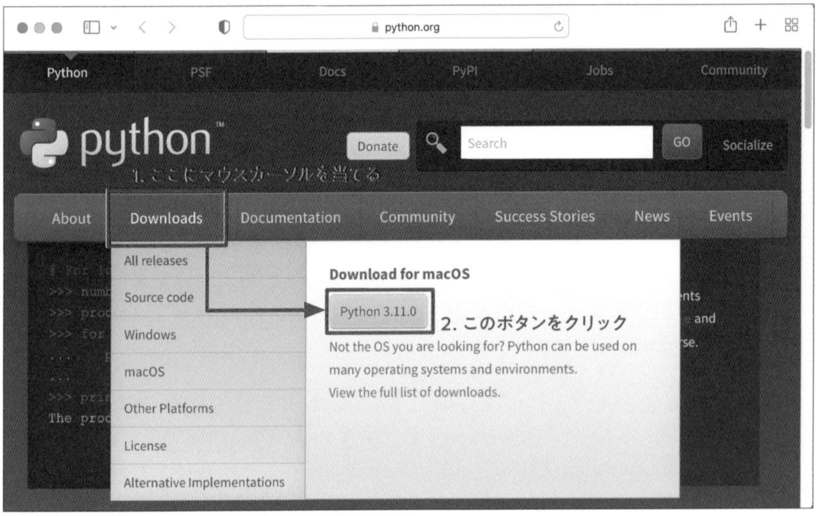

(4) もし、「"python.org"でのダウンロードを許可しますか?」と表示されたら [許可] を押す (**図3.13**)

▼ 図3.13　macOSでのPythonのインストール(2)

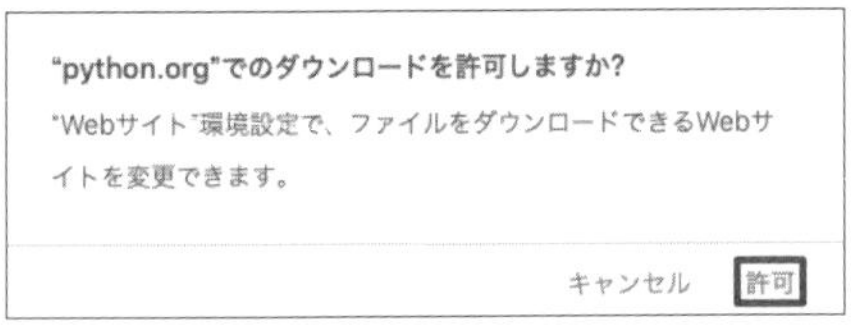

(5) ダウンロードが終わったらFinderを開く

(6) [ダウンロード] 項目に`python-3.XX.X-macosxYY.pkg`というファイルができているので、ダブルクリックする (**図3.14**)

YYの部分には対応する最も古いmacOSのバージョン(10.9、11など)が入ります。画面表示例では、2022年10月時点の11となっています。

▼ 図3.14　macOSでのPythonのインストール(3)

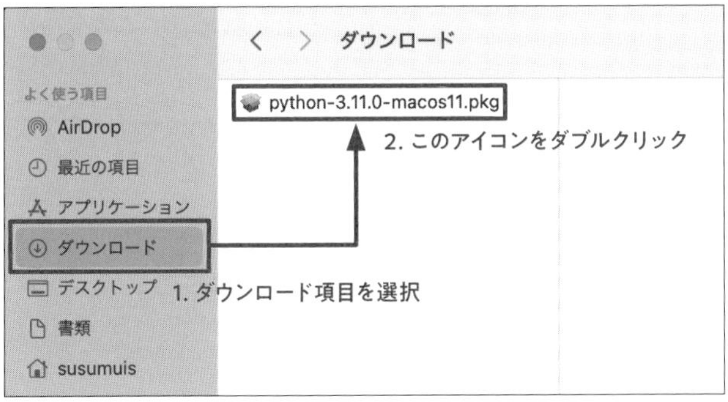

(7)「ようこそPythonインストーラへ」と表示されたら[続ける]を押す(**図3.15**)

▼ 図3.15　macOSでのPythonのインストール(4)

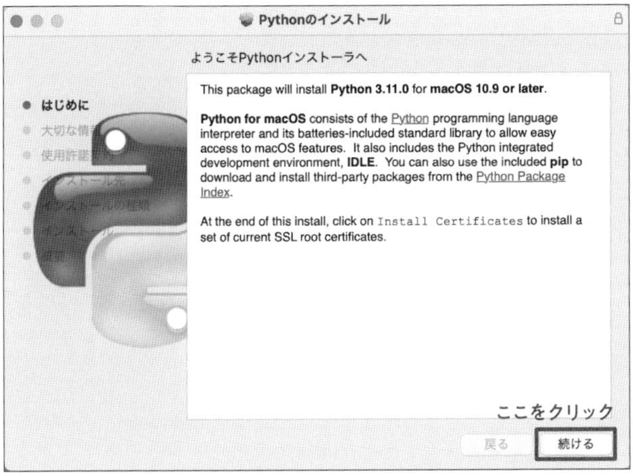

(8)「大切な情報」を読んだら[続ける]を押す(**図3.16**)

▼図3.16　macOSでのPythonのインストール(5)

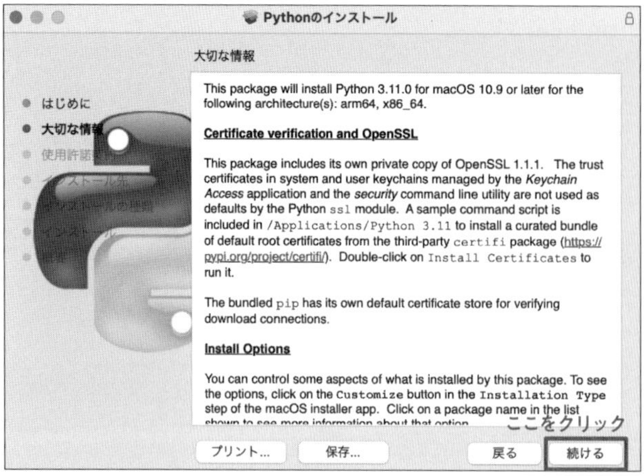

(9) 使用許諾契約を読んだら[続ける]を押す(図3.17)

▼図3.17　macOSでのPythonのインストール(6)

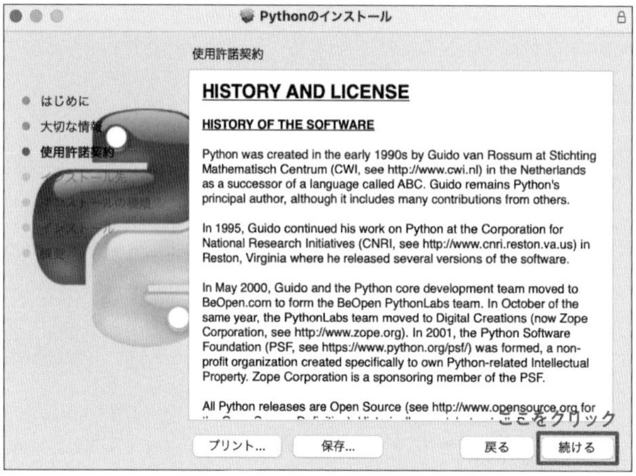

(10)「このソフトウェアのインストールを続けるには、ソフトウェア使用許諾契約の条件に同意する必要があります」というメッセージが出るので[同意する]を押す(図3.18)

▼ 図3.18　macOSでのPythonのインストール(7)

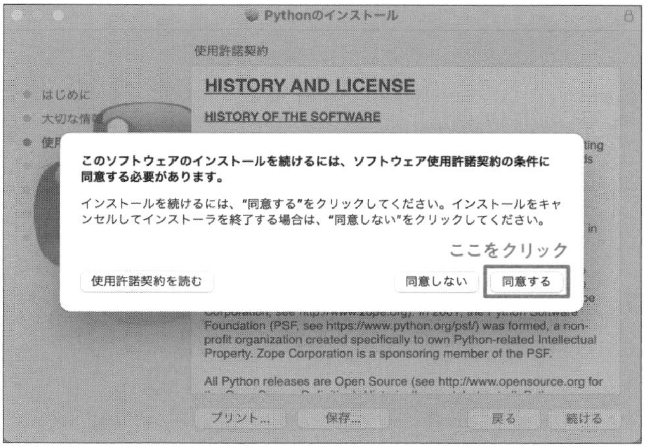

(11) [インストール先の選択] 画面が表示されたら [続ける] を押す (図3.19)

▼ 図3.19　macOSでのPythonのインストール(8)

(12) ["Macintosh HD"に標準インストール] という画面が出たら [インストール] を押す (図3.20)

▼図3.20 macOSでのPythonのインストール(9)

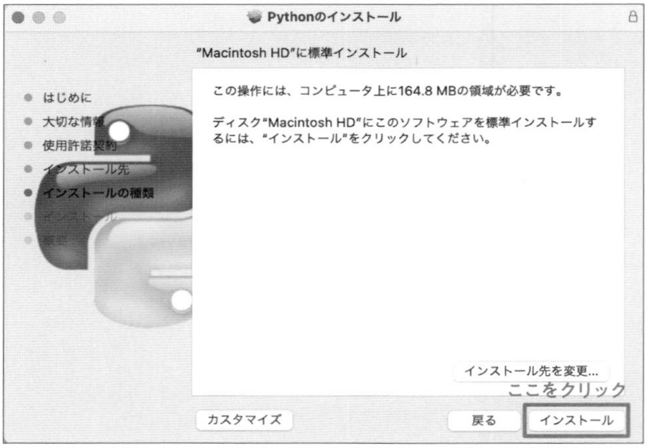

次の手順は、使用しているPCのモデルや設定によって画面が異なります。

(13-a) Touch IDを有効にしている場合は「インストーラが新しいソフトウェアをインストールしようとしています」というメッセージが表示されるので、Touch IDセンサーにタッチする(**図3.21**)

▼図3.21 macOSでのPythonのインストール(10-a)

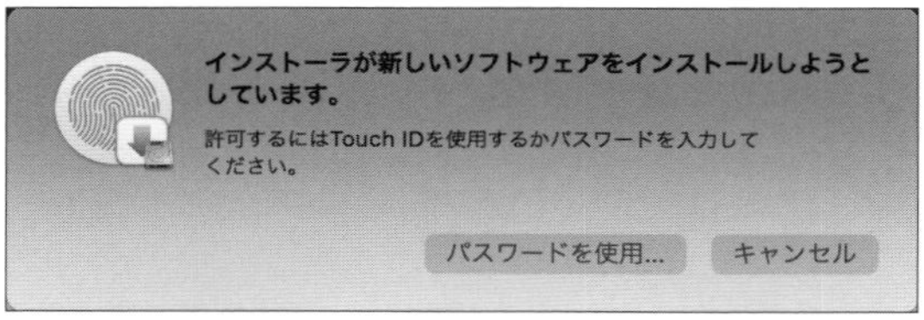

(13-b) Touch ID センサー非対応モデルのPCを使用しているか、Touch IDを有効にしていない場合はパスワードを入力し、[ソフトウェアをインストール] を押す(**図3.22**)

▼図3.22 macOSでのPythonのインストール(10-b)

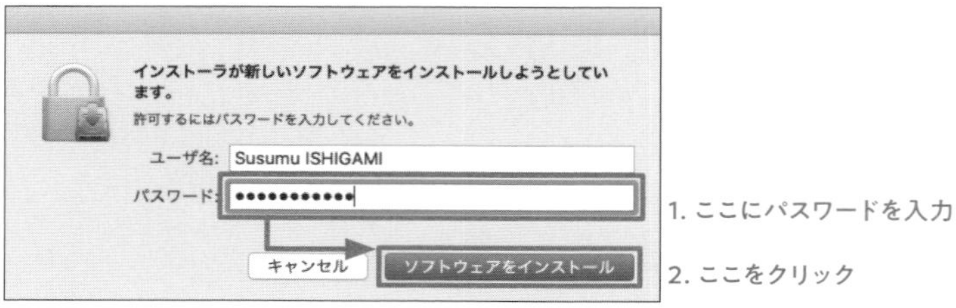

(14) ゲージが塗りつぶされるまで待つ（図3.23）

▼図3.23　macOSでのPythonのインストール(11)

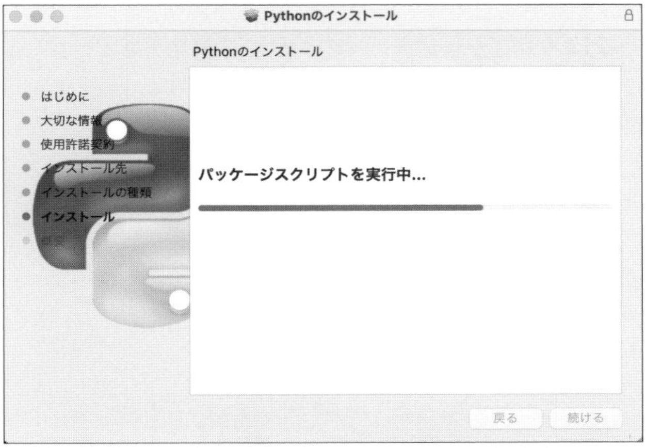

(15)「インストールが完了しました」と表示されたら☒を押す（図3.24）

▼図3.24　macOSでのPythonのインストール(12)

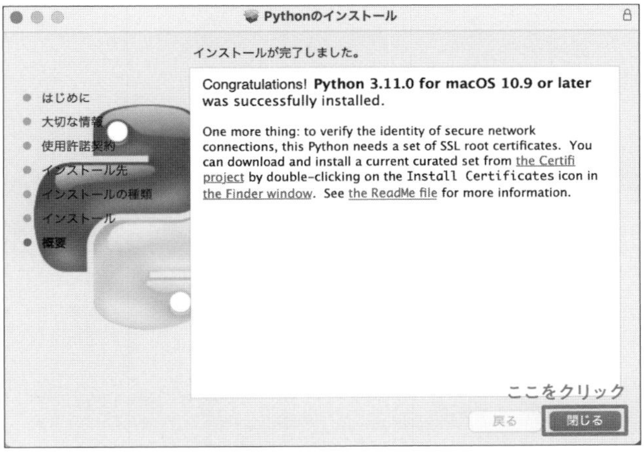

ダウンロードしたインストーラはもう不要ですので、「インストーラをゴミ箱に入れますか？」と表示されたら［はい］を選択しましょう。これで、PCにPythonがインストールされました。

発展 Install Certificates.commandも実行しておくと良い

macOSではPythonをインストールしたあとに、さらにやっておくと良い作業があります。これを行わないとSSLという機能を使用するときにエラーになります。本書ではSSLを使用するプログラムは扱いませんが、今後Pythonを使っていくうえで突然エラーが発生してびっくりしないように、今の内にやっておくことをお勧めします。

手順はとても簡単です。Pythonインストール後、Finderの［アプリケーション］項目には`Python 3.X`というフォルダが追加されています。その中にある［Install Certificates.command］をダブルクリックしてください（図3.B）。

▼図3.B　Install Certificates.commandを実行（1）

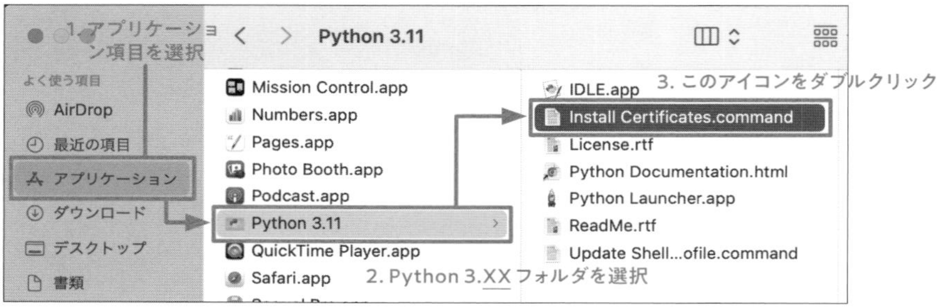

すると、ターミナル.appが立ち上がって、しばらく処理が実行されます（図3.C）。

▼図3.C　Install Certificates.commandを実行（2）

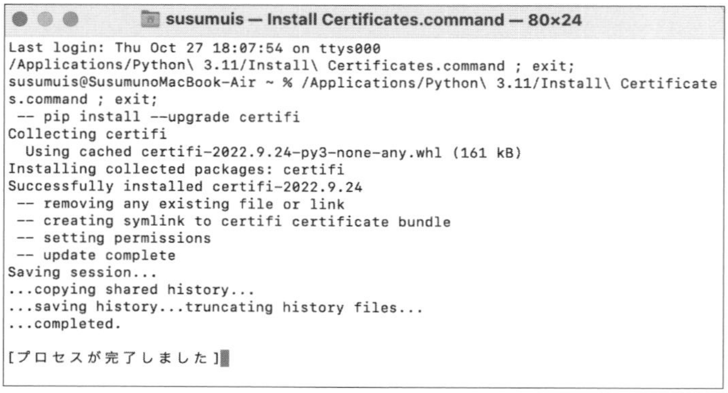

［プロセスが完了しました］と表示されれば完了です。ターミナル.appのウィンドウを閉じてください。

それではさっそくPythonを使ってみましょう。

Pythonを使うときは、第2章で説明したターミナル.appを使います。もしPythonをインストールする前からターミナル.appを起動したままの状態だった場合は、一度⊠ボタンを押してターミナル.appを終了してください。

新たに起動したターミナル.appで、`python3␣-V`と打ち込んで[↵]キーを押してください。Python 3.11.0のようなバージョン番号が表示されたらPythonのインストールが成功しています（図3.25）。

▼ 図3.25　Pythonのインストールを確認

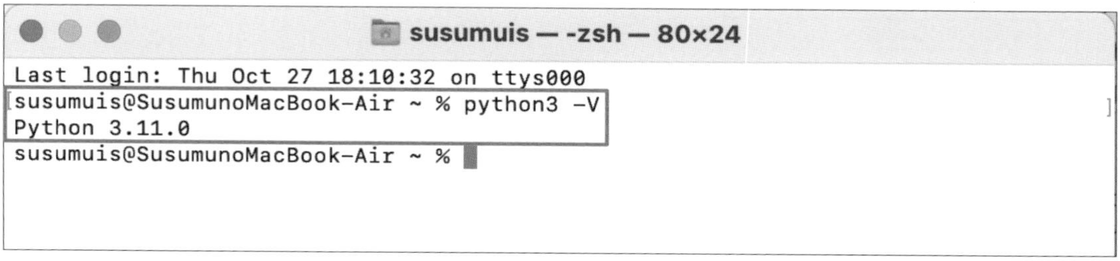

Pythonのインストールが正しく行われていることを確認したら、`python3`と打ち込んで[↵]キーを押しましょう。すると**>>>**という文字列が表示されてキャレットが表示されます。（図3.26）。

▼ 図3.26　Pythonの対話モードを起動

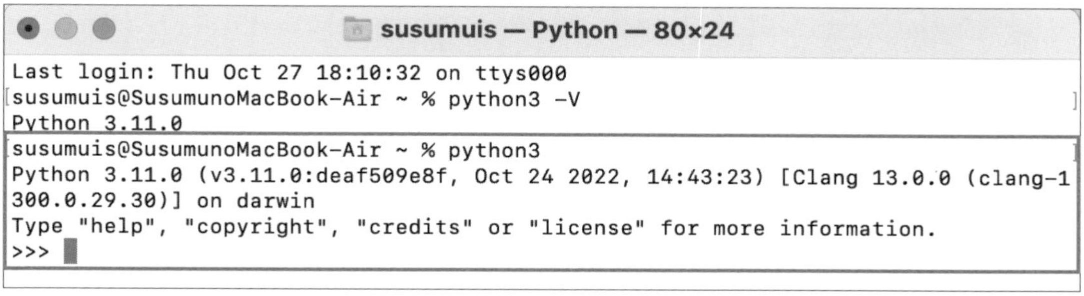

これをPythonの**対話モード**と呼びます。対話モードでは**>>>**をプロンプトと呼びます。プロンプトが表示されたらプログラムを入力できる状態になっています。

プログラムの学習は次章以降で行いますので、ここでは「対話モードを終了する」というプログラムを入力して対話モードを終了します。対話モードから抜けるには`quit()`と打ち込んで[↵]キーを押します（図3.27）。

▼図3.27　対話モードを終了する

```
susumuis — -zsh — 80×24
Last login: Thu Oct 27 18:10:32 on ttys000
susumuis@SusumunoMacBook-Air ~ % python3 -V
Python 3.11.0
susumuis@SusumunoMacBook-Air ~ % python3
Python 3.11.0 (v3.11.0:deaf509e8f, Oct 24 2022, 14:43:23) [Clang 13.0.0 (clang-1
300.0.29.30)] on darwin
Type "help", "copyright", "credits" or "license" for more information.
>>> quit()
susumuis@SusumunoMacBook-Air ~ %
```

発展

macOSではpythonではなくpython3を使う

macOSにインストールしたPythonを使うときは**python3**コマンドを使います。macOSでは、**python**コマンドは古いバージョンのPythonを使うためのコマンドとして割り当てられています。古いPythonは古いソフトウェアの互換性のために現在のmacOSに残されています。

pythonと打ち込むと次のような警告メッセージが表示されるでしょう。

```
WARNING: Python 2.7 is not recommended.
This version is included in macOS for compatibility with legacy software.
Future versions of macOS will not include Python 2.7.
Instead, it is recommended that you transition to using 'python3' from within Terminal.
```

Python 2.7とは、非常に古いバージョンのPythonです。それは非推奨（not recommended）というわけです。Python 2.7は将来のmacOSには含まれなくなるとも書かれていますね。そして**python3**を使用するように言っています。

この警告のあとプロンプト>>>が表示されますので、間違えて**python**コマンドを使ってしまった場合は`quit()`と入力して、対話モードを終了しましょう。そして、あらためて**python3**コマンドを使用すれば大丈夫です。

WindowsとmacOSの差異を知ろう

WindowsとmacOSでは使用するソフトウェアや、一部コマンド、画面出力が異なります。たとえば、Pythonを起動するコマンドはWindowsでは**python**ですが、macOSでは**python3**となります。また、ターミナル機能を使用するときは、WindowsではPowerShell、macOSではターミナル.appを使用します。

異なるとは言っても、似ている部分は多いです。Windowsの**python**コマンドとmacOSの**python3**コマンドはどちらもPythonを起動するコマンドです。また、PowerShellとターミナル.appではよく使うコマンドの多くが共通しています(詳しくは第2章を参照してください)。ですので、違いを知っていれば、ほぼ同じように扱えます。

本書ではこれ以降Windowsでの表記を中心に使用します。macOSを利用している人は、WindowsとmacOSの差異を知り、適宜読み替えてください(**表3.1**)。

▼表3.1　macOSとWindowsの差異

	Windows	macOS
Pythonを起動するコマンド	python	python3
ターミナル	PowerShell	ターミナル.app
ターミナルのプロンプト	>	%
ファイル一覧アプリケーション	エクスプローラー	Finder
改行・実行するキー	Enter	⏎

column

macOS使用者の心得

macOSを使ってプログラミングを学習するときはWindowとmacOSの違いを理解することが重要です。

WindowsとmacOSを同時にカバーしている情報は多くありません。中には、とくに断りなくWindowsを想定している場合があります。macOSを使うみなさんはそのような情報を見たときに、macOSでの操作に読み替える力が必要になります。

読み替える力が身につくまでには時間がかかるかもしれません。しかし､その力が身についたら、macOSでプログラミングするメリットを活かすことができます。

macOSでプログラミングするメリットは、利用者の環境に共通点が多いことです。そのため、macOS利用者同士での相談や、問題解決がしやすくなります。なぜなら、macOSはAppleが製造・販売するPCにのみ搭載されるので、Windowsと比べてPCの種類が少ないためです。そして筆者が見てきた範囲では、プログラマー向けのIT勉強会にはmacOS利用者が多く参加していました。みなさんもIT勉強会に参加したら、macOSを利用する仲間にきっと出会えるでしょう。

WindowsもmacOSもそれぞれ良さがありますが、どちらでもプログラミングは学習できます。OSの違いが原因でプログラミングが学習できないということはありません。安心して自分の選んだOSを使いこなしましょう。

3.5 Visual Studio Codeをインストールしよう

続いて、PCに**Visual Studio Code**をインストールしましょう。Visual Studio Codeは**テキストエディタ**と呼ばれるソフトウェアの1つです。

テキストエディタとは

まずはテキストエディタとは何かを知りましょう。テキストエディタとは、テキストファイルを書くためのソフトウェアです。テキストファイルは文字の並び（これを「文字列」とプログラミングの世界では呼びます）によって構成されたファイルです。文字の中には「改行文字」という特殊な文字も含まれます。普段使いではイメージしづらいですが、コンピュータは「改行」も文字の1つとして扱います。

別の言い方をすると、Microsoft Wordのように文字の装飾をすることがいっさいできない文書作成ソフトウェアがテキストエディタです。テキストエディタによって作成したファイルをテキストファイルと呼びます。

プログラミングでは、テキストエディタを使ってプログラムを書きます。プログラムはコンピュータに実行させる命令を文字列で書いたテキストファイルなのです。

Windowsには「メモ帳」、macOSには「テキストエディット」というテキストエディタが最初からインストールされています。しかしこれらはプログラミングには向かないので、お勧めしません。

WindowsやmacOSで動作するテキストエディタには、有償無償さまざまなものがあり、その中でも、Visual Studio Codeはプログラミングをするうえで便利な機能が多く付属し、無償で利用できます。そこで、本書ではVisual Studio Codeを利用してプログラミングを書いていくことをお勧めします。

手順に従ってインストールしよう

インストールは簡単です。公式サイトからインストーラをダウンロードして実行するだけです。それでは、Windows、macOSそれぞれのインストール手順を説明します。

先にWindowsから説明しますので、macOSを使用している人は「macOSにインストールする」節（P.70）まで進んでください。

Windowsにインストールする

(1) Webブラウザでhttps://code.visualstudio.comにアクセスする

(2) [Download for Windows Stable Build] ボタンをクリックする (図3.28) 注3.2

▼ 図3.28　Windows での Visual Studio Code のインストール (1)

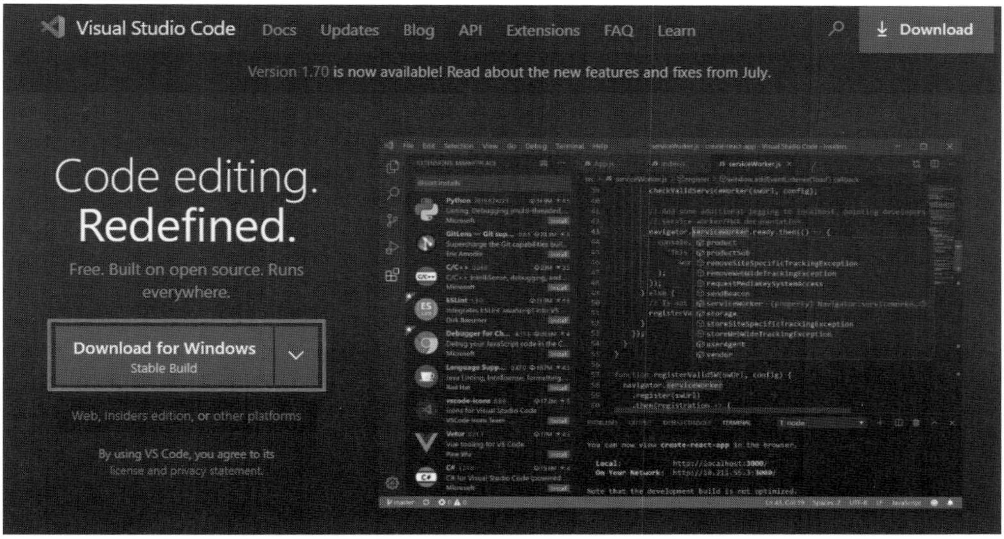

(3) **ダウンロード**ディレクトリに**VSCodeUserSetup-x64-X.XX.X.exe**というファイルができているのでダブルクリックする (図3.29)

X.XX.XのXの部分には1.73.1 (2022年10月現在) のようなバージョン番号が入ります。

▼ 図3.29　Windows での Visual Studio Code のインストール (2)

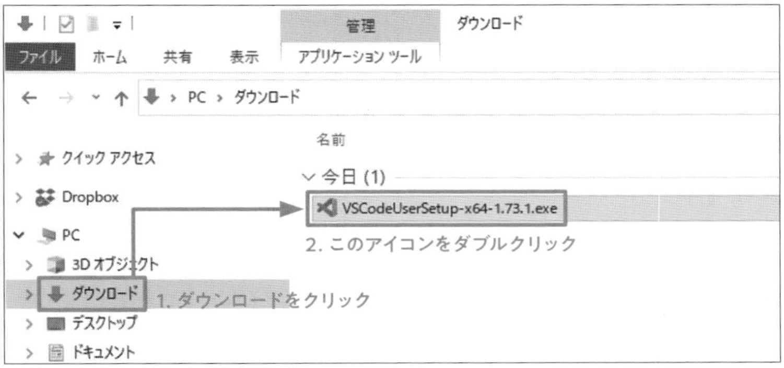

注3.2) 32bit版Windowsを利用している場合は、このボタンではなく、https://code.visualstudio.com/Downloadから [Windows] - [User Installer] - [32 bit] ボタンをクリックしてください。

(4)「使用許諾契約書の同意」という画面が表示されるので［同意する］を選択し、［次へ］をクリックする（図3.30）

▼ 図3.30　WindowsでのVisual Studio Codeのインストール(3)

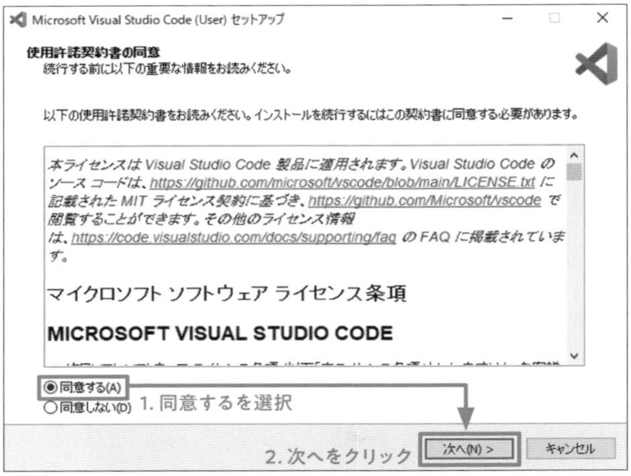

(5)［インストール先の指定］という画面でははじめから指定されているインストール先を変えず［次へ］をクリックする（図3.31）

▼ 図3.31　WindowsでのVisual Studio Codeのインストール(4)

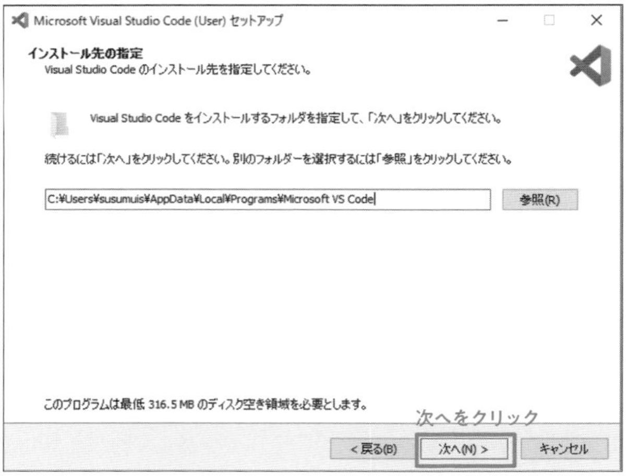

(6)［スタートメニューフォルダーの指定］という画面でも、はじめから指定されているインストール先を変えず「次へ」をクリックする（図3.32）

▼ 図3.32　WindowsでのVisual Studio Codeのインストール(5)

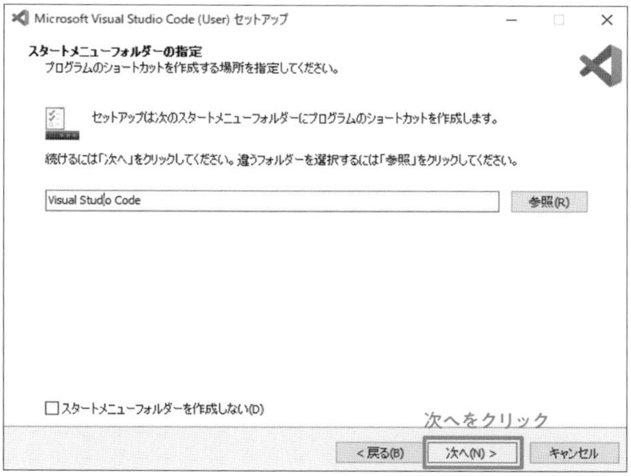

(7) [追加タスクの選択] という画面では必要なタスクを選択し [次へ] をクリックする (図3.33)。ここでは [デスクトップ上にアイコンを作成する] を選択すると良い

▼ 図3.33　WindowsでのVisual Studio Codeのインストール(6)

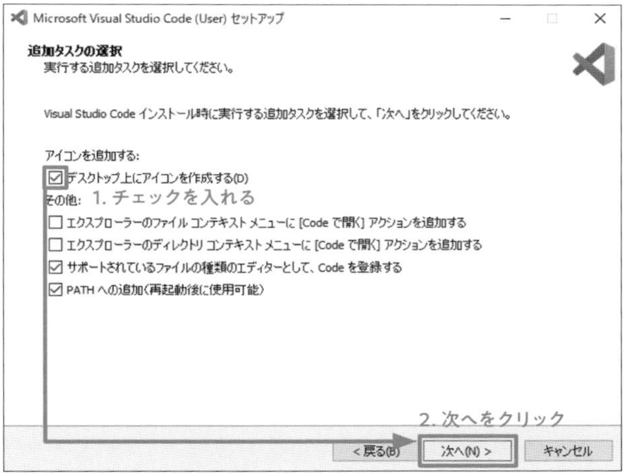

(8) [インストール準備完了] と表示されるので [インストール] をクリックする (図3.34)

▼ 図3.34　WindowsでのVisual Studio Codeのインストール(6)

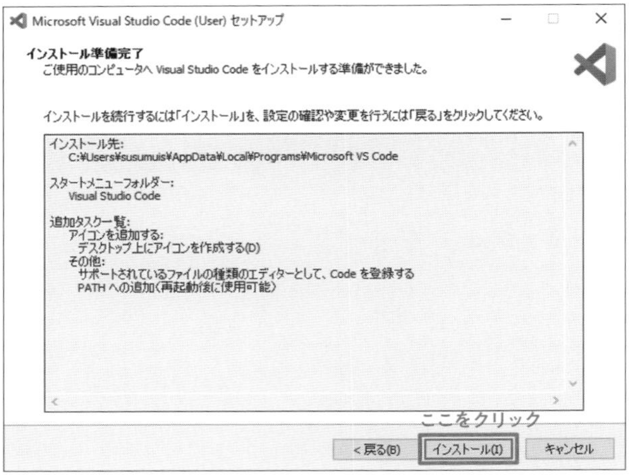

(9) [インストール状況] のゲージが表示されるのでしばらく待つ(**図3.35**)

▼ 図3.35　WindowsでのVisual Studio Codeのインストール(7)

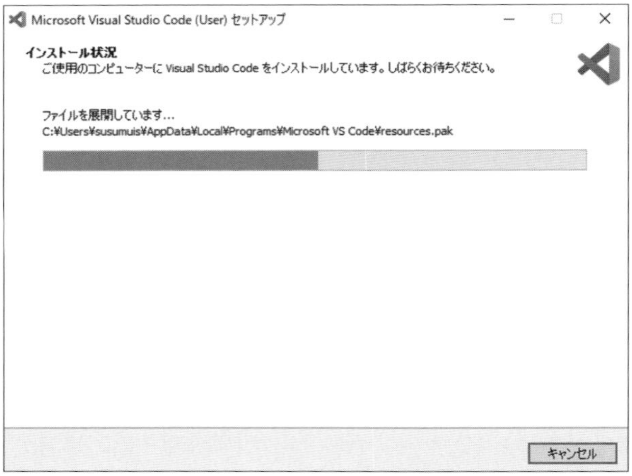

(10) しばらくすると「Visual Studio Codeセットアップウィザードの完了」と表示されるので、[Visual Studio Codeを実行する] がチェックされていることを確認し、[完了] をクリックする(**図3.36**)

▼ 図3.36　WindowsでのVisual Studio Codeのインストール(8)

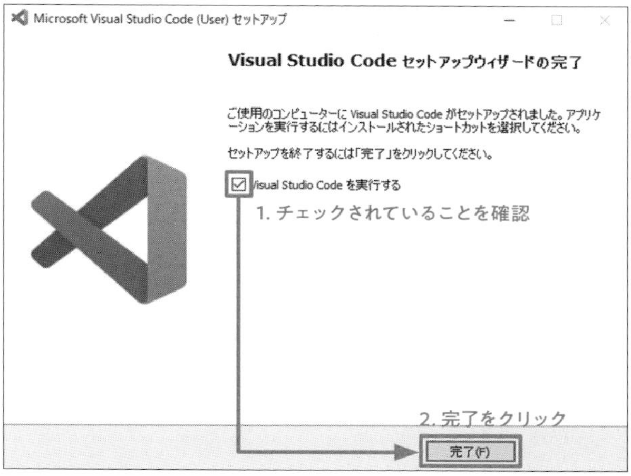

今回は「Visual Studio Codeを実行する」をチェックしたので、すでにVisual Studio Codeの画面が表示されているでしょう。次からはデスクトップのアイコンをダブルクリックするか(図3.37)、画面左下の[ここに入力して検索]の枠に「Visual Studio Code」と入力して出てくるアイコンをクリックすれば起動できます(図3.38)。

▼ 図3.37　Visual Studio Codeをアイコンから起動

▼図3.38　Visual Studio Codeを検索して起動

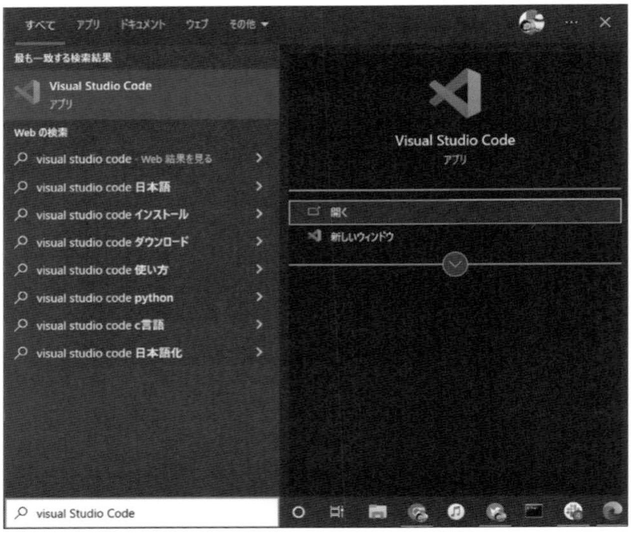

　これでWindowsへのVisual Studio Codeのインストールが終わりました。「Visual Studio Codeの基本的な使い方」節(P.73)まで進んでください。

macOSにインストールする

(1) Webブラウザでhttps://code.visualstudio.comにアクセスする
(2) [Download Mac Universal] ボタンをクリックする(図3.39)

▼図3.39　macOSでのVisual Studio Codeのインストール(1)

(3) ダウンロードが終わったら、Finderの［ダウンロード］項目に［VSCode-darwin-universal.zip］アイコンが作られているので展開する（**図3.40**）

▼図3.40　macOSでのVisual Studio Codeのインストール(2)

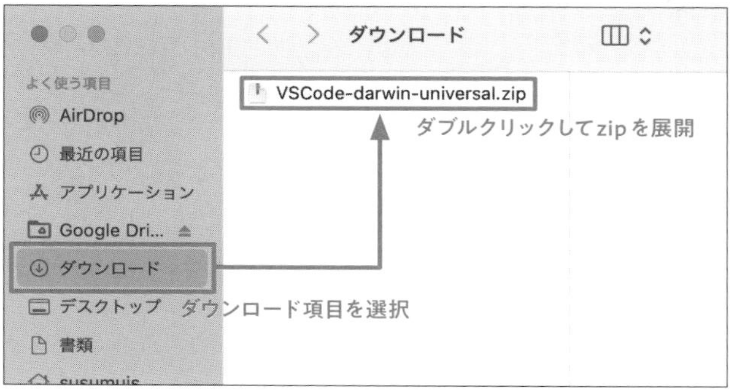

(4) 展開すると［Visual Studio Code.app］というアイコンが作られるので、これをFinderの［アプリケーション］項目へドラッグ&ドロップする（**図3.41**）

▼図3.41　macOSでのVisual Studio Codeのインストール(3)

これでインストールされました。以降は、［アプリケーション］項目の［Visual Studio Code.app］アイコンをダブルクリックすると起動します（**図3.42**）。

▼ 図3.42　Visual Studio Codeをアイコンから起動(1)

はじめて起動したときは「開いてもよろしいですか？」とウィンドウが表示されるので、[開く]を押してください(図3.43)。

▼ 図3.43　Visual Studio Codeをアイコンから起動(2)

これでVisual Studio Codeが起動しました(図3.44)。

▼ 図3.44　Visual Studio Codeをアイコンから起動(3)

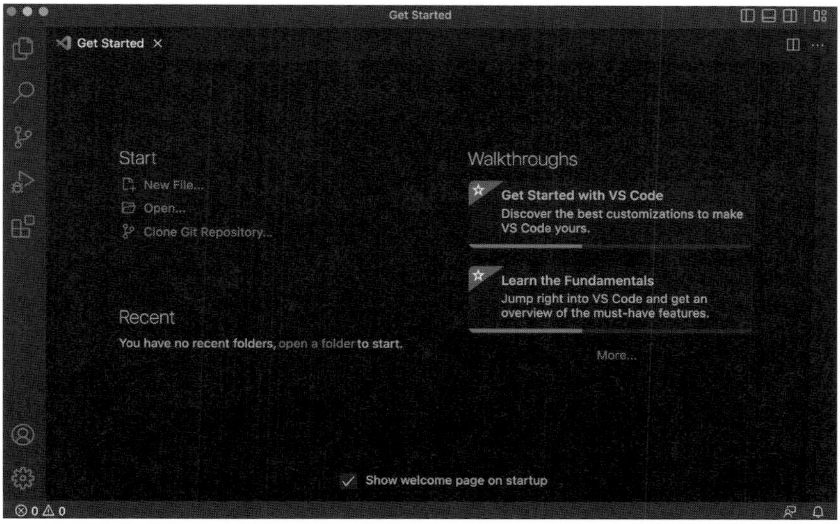

次からは起動しやすくなるようにDockに追加することをお勧めします(図3.45)。

▼ 図3.45　Visual Studio CodeをDockに追加

macOSへのVisual Studio Codeのインストール手順は以上です。

3.6 Visual Studio Codeの基本的な使い方

以降は、WindowsとmacOSで共通です。Visual Studio Codeの基本的な使い方を覚えましょう。

ディレクトリを開く

プログラミングをするときは、複数のテキストファイルを編集することが多いため、作業ディレクトリを作ることが一般的です。Visual Studio Codeではディレクトリを開くことによって、ウィンドウの左側に、そのディレクトリの中にあるファイルやディレクトリを一覧表示できます。今回は作業ディレクトリである**py-practice**ディレクトリを開いてみましょう。

[File] メニューから [Open Folder...] をクリックしてください(図3.46)。

▼ 図3.46 Visual Studio Codeでディレクトリを開く

Windowsの場合は、第2章で説明したように [ローカルディスク(C:)] - [ユーザー] - [ユーザー名のディレクトリ] とたどって、ホームディレクトリを表示します。さらに**programming**ディレクトリをたどって、**py-practice**ディレクトリを選択した状態で [フォルダーの選択] ボタンをクリックしてください(図3.47)。

▼図3.47　py-practiceディレクトリを開く(Windowsの場合)

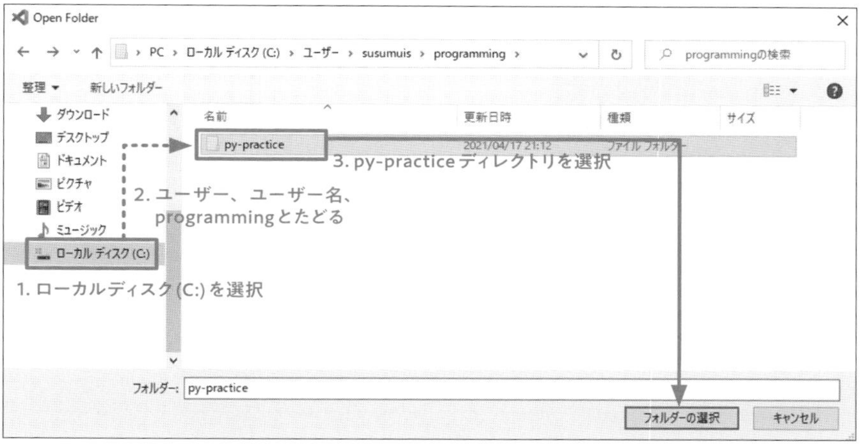

macOSの場合は、左側の一覧から「家」のアイコンとユーザー名の書かれた項目を選択します(これは第2章で紹介したホームディレクトリです)。さらに**programming**ディレクトリ、**py-practice**ディレクトリを選択し、[開く]をクリックしてください(図3.48)。

▼図3.48　py-practiceディレクトリを開く(macOSの場合)

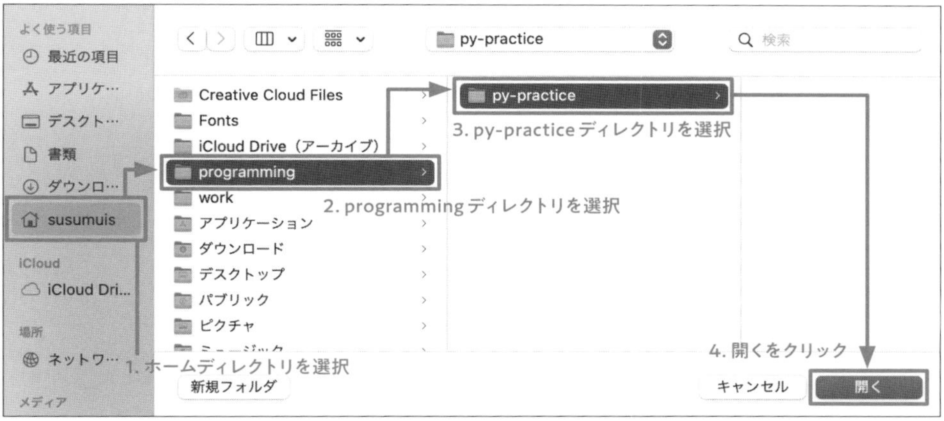

はじめてディレクトリを開いたときは「Do you trust the authors of the files in this folder?」というメッセージが出ることがあります。このメッセージが出たときは、**py-practice**ディレクトリは自分で作成した安全なディレクトリですので、安心して[Yes, I trust the authors]をクリックしてくださ(図3.49)。

▼図3.49　はじめてディレクトリを開くと出るメッセージ

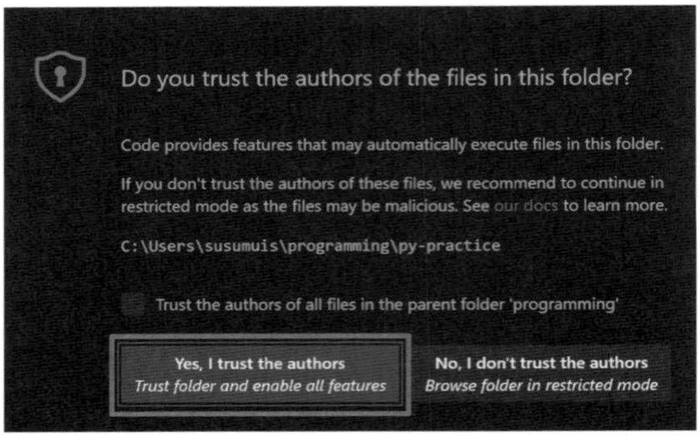

column　ショートカットキーを覚えよう

macOSの場合も、Windowsの場合も、メニュー項目の右側にCtrl + K Ctrl + Oや⌘ Oのような文字が書かれています。これは、ショートカットキーというものです。

たとえばWindowsでは、キーボードのCtrlキーとKキーを同時に押してからさらにCtrlキーとOキーを同時に押すことで、メニューから[Open Folder]を選んだ場合と同じ操作ができます。macOSの場合このショートカットは使えませんが、代わりに⌘キーを押しながらOキーを押すと開く[Open...]ダイアログでディレクトリを開くことができます。

このようなショートカットキーを覚えておくと、マウスを使わずに多くの操作ができます。プログラミング中はキーボードで文字を入力することが多いため、なるべくマウスを使わないほうが楽です。ショートカットキーを積極的に使いましょう。

ファイルの作成

ディレクトリを開くと、Visual Studio Codeウィンドウが左右に分割されます。左側の領域がファイルとディレクトリ一覧、右側の領域が選択したファイルの内容を表示する領域です。新しいファイルを作るには、左側の領域で右クリックし、出てくるメニューで[New File]をクリックします（図3.50）。

▼ 図3.50　ファイルの新規作成

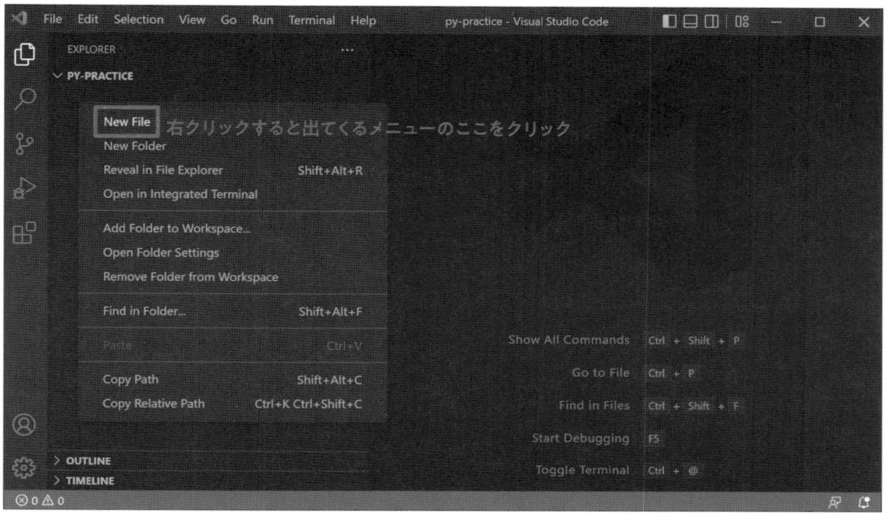

ファイル名を入力します。ここでは**`hello.txt`**というファイルを作ってみましょう（図3.51）。

▼ 図3.51　ファイル名の入力

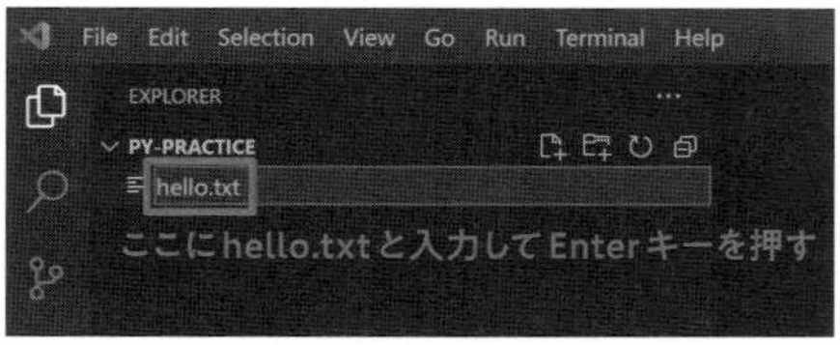

ファイルを作成すると、左側の領域にファイルが追加され、右側は作ったファイルの中身を表示・編集する欄になります。新しく作ったファイルは空ですので、右側の欄は空の状態になっています。今回は右側の欄に`hello,␣world`と入力してみましょう（図3.52）。

▼ 図3.52　新しく作ったファイルに入力

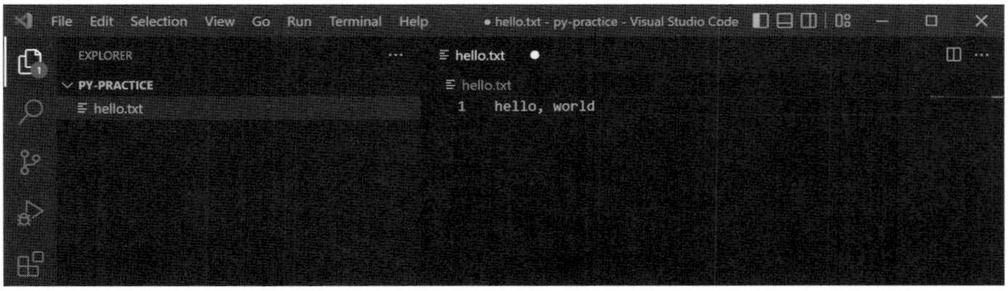

すると**hello.txt**という名前のタブの右に白い丸が付きます。これはファイルが保存されていないという意味の印です。(図3.53)。

▼ 図3.53　ファイル未保存の印

ファイルを保存するには、[File] メニューから [Save] をクリックします。保存されると白い丸が消えます(図3.54)。

▼ 図3.54　ファイルの保存

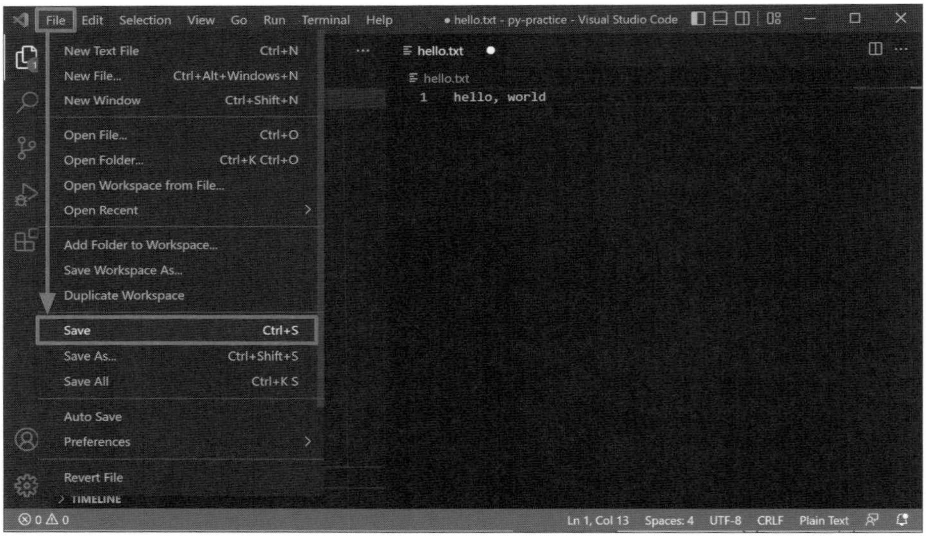

この操作は非常に頻繁に行うので、ショートカットキーの Ctrl + S (macOSの場合は ⌘ + S)は覚えておきましょう。

これでファイルの作成と編集、保存のしかたを覚えました。

発展

Visual Studio Codeでも「戻せる」

WordやExcelで「元に戻す」機能を使ったことがありますか？　Visual Studio Codeでファイルを編集しているときも、直前の操作を戻すことができます。この機能を**Undo**と呼びます。Undoのショートカットキーは、Windowsでは Ctrl + Z、macOSでは ⌘ + Zです（[Edit]メニューからもUndoできますが、よく使うのでショートカットキーがお勧めです）。

戻し過ぎた場合は**Redo**します。これは、WordやExcelでは「やりなおし」と呼ばれる機能と同じです。Redoのショートカットキーは、Windowsでは Ctrl + Y、macOSでは ⌘ + ⇧ + Zです。

UndoやRedoによってファイルの内容が変わるとタブに白い丸が出ます。白い丸のルールは覚えていますね。この状態でファイルを保存したい場合は、Ctrl + S（macOSの場合は ⌘ + S）を押しましょう（**図3.D**）。

▼ 図3.D　UndoとRedo

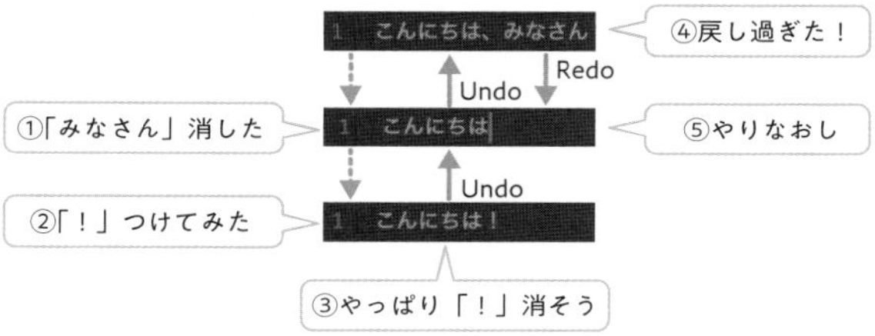

ディレクトリの作成

Visual Studio Codeではファイルだけでなくディレクトリも作成できます。Visual Studio Codeはディレクトリのことを「Folder」と表記します。

ディレクトリを作成するには、左側の一覧を右クリックすると出るメニューで[New Folder]をクリックします（**図3.55**）。

▼ 図3.55　ディレクトリの新規作成

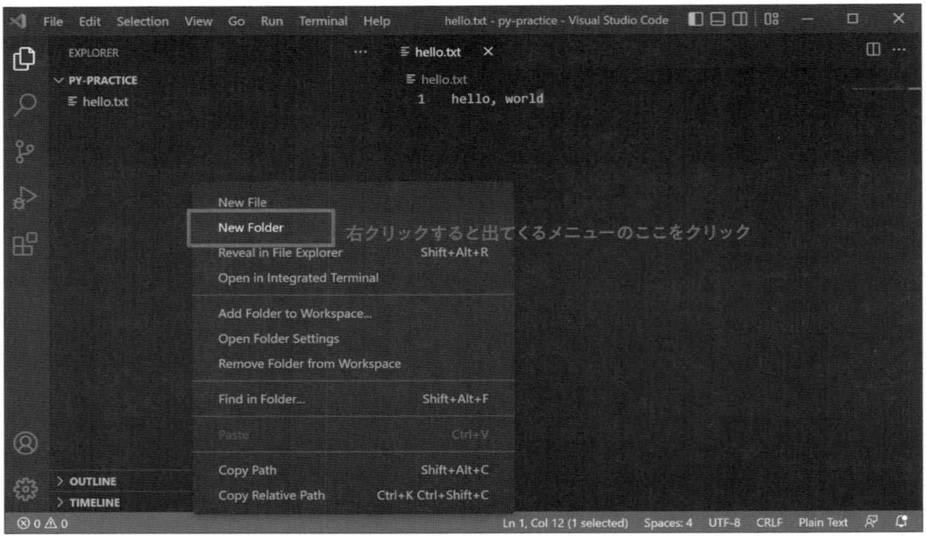

ディレクトリ名を入力して Enter キーを押せばディレクトリが作成されます（図3.56）。

▼ 図3.56　ディレクトリ名の入力

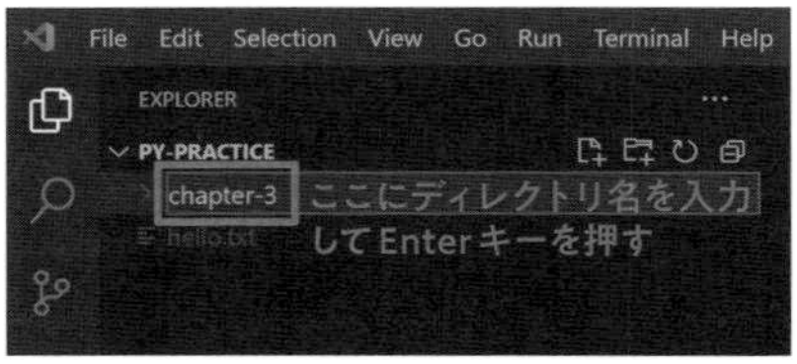

ディレクトリの中にさらにファイルやディレクトリを作ることもできます（図3.57）。

▼ 図3.57　ディレクトリの中にディレクトリを作る

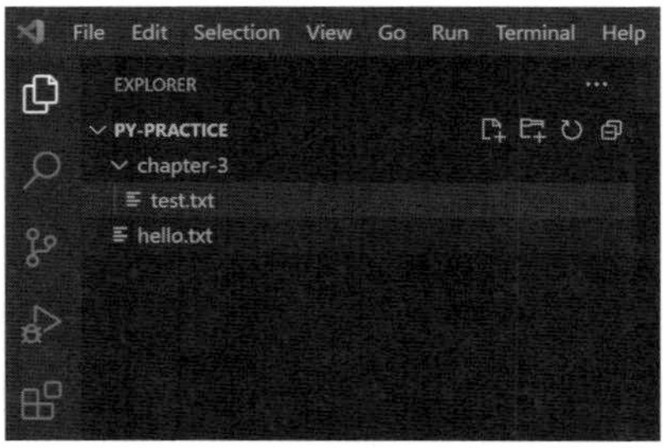

ファイルとディレクトリの削除

最後に、作ったファイルやディレクトリを削除する方法を覚えましょう。左側の一覧で、削除したいファイルやディレクトリを右クリックして [Delete] をクリックします (図3.58)。

▼ 図3.58　ファイル／ディレクトリの削除

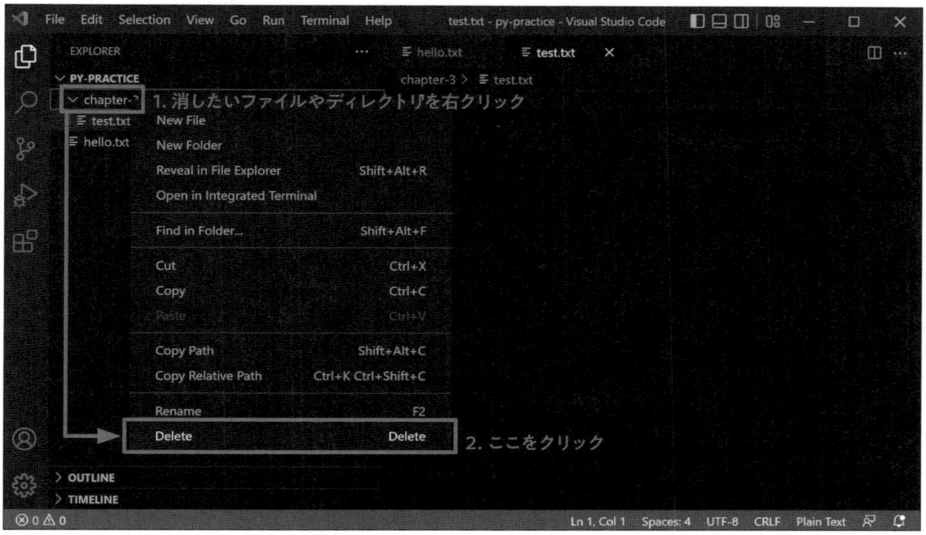

すると、「Are you sure you want to delete」から始まるメッセージが表示されます (図3.59)。

▼ 図3.59　ファイル／ディレクトリの削除時に出るメッセージ

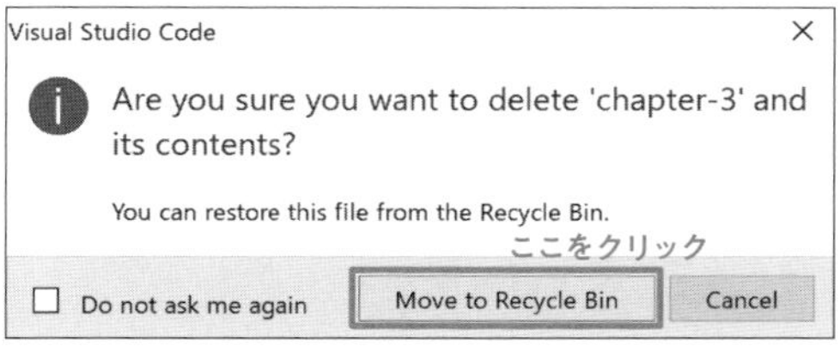

これは「削除して良いですか？」という意味です。削除して良い場合は [Move to Recycle Bin] (OSによっては [Move to Trush]) をクリックします。これは「ゴミ箱へ移動する」という意味です。「削除」といっても、実際は「ゴミ箱」に移動します。

この章で作成したディレクトリや、**hello.txt**は以降の章では使用しません。これらを削除してから次の章に進みましょう。

ファイルやディレクトリの削除のショートカットキーはDeleteキー（macOSの場合はfn+⌫）です（図3.60）。

▼図3.60　ショートカットを使ったファイル／ディレクトリの削除

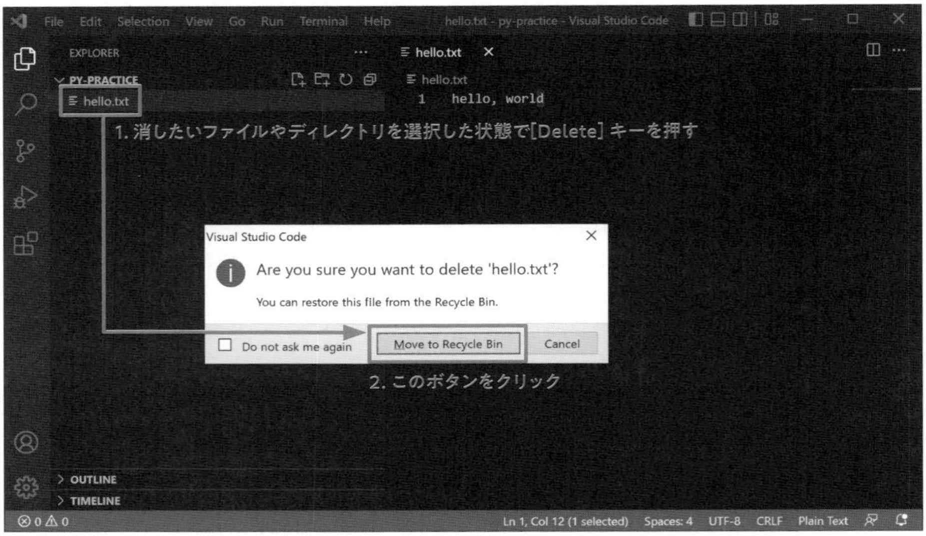

Visual Studio Codeの使い方に慣れれば、テキストファイルを扱うのがとても楽になります。テキストファイルはプログラミング以外の用途でも使えるので、日頃からどんどん使っていきましょう。

column

メニューが英語でも怖くない

Visual Studio Codeのメニューは［File］、［Edit］、［Help］など英語で構成されています。英語に慣れていないととっつきにくいと思ってしまうかもしれません。

ですが、大丈夫です。これは英語というより、ソフトウェアの機能に英単語を使った名前を割り当てているにすぎません。［New File］や［Open...］という名前の機能がVisual Studio Codeでは何を意味するのかを覚えておけば、英語に慣れていなくても使えます。きっと、使っている内にすぐに慣れてしまうでしょう。

これはプログラミングも同じです。次章以降でプログラミング言語の文法を学んでいきますが、そこではif、forなどの英単語を使用します。これらもプログラミング言語の機能に英単語が割り当てられているにすぎません。このように、プログラミングを学ぶのに英語が得意である必要はありません（英語があまり得意ではないプログラマーはたくさんいます！）。

しかし、プログラミングを学ぶことをきっかけに英語にもチャレンジすることは良いアイデアです。プログラミングをしていると、多くの英単語を扱うことになります。プログラミングを通じて英単語に触れていると、今までよりも少し英語との距離が縮まります。外国語は身近であるほど上達しやすいと言われます。

英語が使えると、プログラミングを学習するうえでも便利なことがたくさんあります。たとえば、わからないことがあって調べるとき、英語の情報も参照できればより解決しやすくなるでしょう。ですので、その第一歩として、Visual Studio Codeのメニューが英語でも怖がらず使ってみましょう。

それでも、どうしても英語が苦手な方は、言語パックというものをインストールすることによって、Visual Studio Codeのメニューやメッセージを日本語で表示することができます。ただし、本書はVisual Studio Codeを英語のままで使うことをお勧めしていますので、本文の説明は英語メニューを前提としていることをご了承ください。

言語パックをインストールするには、左側の[Extensions]アイコンをクリックし、テキストボックスに「language pack」と入力して、候補に表示される中から[Japanese Language Pack for Visual Studio Code]（実際は画面の幅の関係ですべて表示されず途中で切れているでしょう）の[Install]ボタンを押します（図3.E）。

▼ 図3.E　言語パックのインストール

そのあと、Visual Studio Codeを終了して再度起動すれば画面表示が日本語になっているでしょう。Windowsを使っている方はVisual Studio Code起動時に右下に言語パックインストールを促すメッセージが出ることがあるので、そちらからインストールすることもできます（図3.F）。

▼ 図3.F　起動時右下に出るメッセージから言語パックをインストール

column オープンソースソフトウェアの利用と貢献とは

この章で紹介しているPythonやVisual Studio Codeは無料で使うことができますが、有料であってもおかしくないほど高機能なソフトウェアです。有料であってもおかしくないソフトウェアが無料で利用できるのはなぜなのか、疑問に思ったかもしれませんね。ここではその理由を説明します。

PythonやVisual Studio Codeは「オープンソース」という考え方に基づいて作られているソフトウェアです。オープンソースはソースコードを公開し、世界中から知恵を集めて開発を加速しようという考え方です。ソースコードとはソフトウェアを作るためのプログラムのことです。ソースコードを公開することによって、世界中のプログラマーから、機能の拡張や不具合の修正をソースコードの変更提案（パッチ）として受け取れるようにしています。そうしてソフトウェアの開発を加速することが、目先の利用料を取るよりも、開発者（開発元企業）の利益になるという判断のもとで採用される手法です。

オープンソースソフトウェアの開発元が営利企業の場合があるのはそのためです。事実として、本章でインストールしたVisual Studio Codeの開発元はMicrosoftというアメリカの営利企業です。

そのような経緯で作られているオープンソースソフトウェアですので、利用者はお金を払う代わりにソフトウェアを良くするための貢献をすると、開発者から喜ばれるでしょう。多くの貢献を受けるオープンソースソフトウェアは開発が続けられ、より良く進化します。そして利用者にとっては、いつも使っているソフトウェアが進化し続けるというメリットになります。

貢献は難しくありません。使用情報を送信したり、エラーが発生したときに表示される「報告」ボタンを押したりするだけでも立派に貢献しています。ブログやSNSを使って使い方やテクニックを紹介したり、まだ使っていない人にソフトウェアを紹介したりすることも貢献です。無料で利用できるソフトウェアに、あえて寄付金を送ることも素敵なことです。貢献の第一歩は、いつも使っているソフトウェアを好きになって、開発者に感謝し、一緒に良くしたいと思うことです。それぞれができる範囲で貢献をしていくことで、ソフトウェアの進化は加速するでしょう。

プログラミング学習を続けていけば、いつかあなたもマニュアルを翻訳したり、パッチを送ったりして、オープンソースソフトウェアの開発に関わる日が訪れるかもしれません。それができたら、あなたはプログラマーの間で一目置かれる存在になるでしょう。でも、もしあなたがそうなったときには、他人からの評価以上のものを得ているでしょう。そのときあなたは、自分の使っているソフトウェアが良くなることが「うれしい」と感じ、プログラミングによって自分の好きなものの発展に貢献できることが「楽しい」と感じているはずです。

3.7 プログラミング環境が正しく作れていることを確認しよう

この章ではプログラミング環境の作り方を説明しました。プログラミング環境を作るためには、PCにプログラミング言語処理系とテキストエディタをインストールする必要があります。今回は

PythonとVisual Studio Codeをインストールしました。

次の章以降では、実際にプログラムを書いていくので、プログラミング環境が正しく作れていることが大切です。この章を読み返して、PCにプログラミング環境が正しく作れていることをよく確認してください。

発展

プログラミング言語のバージョンを意識しよう

プログラミング言語を使うときは、自分がどのバージョンのプログラミング言語を使っているか、意識することが大事です。

Pythonのバージョンは**python**コマンドに**-V**というオプションを付与すると確認できます。これは本文中で説明したので、すでにみなさんはやっていますね。

```
> python -V  # macOSの場合はpython3
Python 3.11.0
```

ここでは、このPythonのバージョン番号3.11.0のような数字それぞれの意味を説明し、みなさんがPythonのバージョンとどのように付き合っていけば良いのか説明します。

まずは数字の意味からです。先頭の3といった数字をメジャーバージョンと呼びます。メジャーバージョンは、互換性を犠牲にするほどの大きな変更を行うときに増加します。現在使われているPythonのメジャーバージョンは3のみです。Python3系とも呼ばれます。かつては2系のPythonも使われていました。3.10、3.11のような1つめの「.」の後まで含めたバージョンをマイナーバージョンと呼びます。現在、Pythonは年に一度マイナーバージョンアップが行われています。2021年に3.10、2022年に3.11がリリースされました。マイナーバージョンアップの際には、新しい機能が追加されたり、一部の機能が非推奨になったりします。3.10.6や3.11.0のような2つめの「.」の後まで含めたバージョンをマイクロバージョンと呼びます。細かいバグやセキュリティに関わる修正が行われたときに、マイクロバージョンアップが行われます。

次にPythonのバージョンとの付き合い方を説明します。2022年10月現在から当分の間は、メジャーバージョン3のPythonを使うことがほとんどでしょう。ただし、何年も前に書かれた古い資料の中にPythonのプログラムが書かれているときには注意が必要です。それがPython2系のプログラムだと、Python3系の処理系ではおそらく動かないでしょう。

また、間違って古いバージョンのPythonを使わないように注意しましょう。たとえば、現在のmacOSでの**python**コマンドには、過去の経緯によってPython2系の処理系が割り当てられています。プログラムを実行して「動かない」と思ったとき、間違って古いPythonを使っていないか確かめましょう。python␣-Vと打ち込んでみて、バージョン番号が2.7.16のように表示されたら、その**python**コマンドは2系のPythonに割り当てられています。その場合は**python3**コマンドを使ってやりなおしましょう。

多くの場合、マイナーバージョンアップ後のプログラミング言語は、マイナーバージョンアップ前のプログラムに対して互換性があります。たとえば、Python 3.9の文法で書かれたプログラムは、多くの場合Python 3.10でも動きます。ただし、バージョンアップによって非推奨になった機能は数年間の時間をおいてから廃止されることもあります。そのため、プログラマーは新しいバージョンの処理系で過去に作ったプログラムを動かしたり、プログラミング言語のバージョンアップ情報を確認したりして、非推奨になった機能を使っていないかチェックします。マイクロバージョンの違いでプログラムが動かなくなることはまずありません。ですから、マイクロバージョンまで意識する必要は通常ありません。

最後に、プログラミング学習者が抱いてしまいやすいであろう感想にお答えします。プログラミング学習中の方の中には「せっかく覚えたプログラミング言語がバージョンアップによって変わっていってしまうのは悲しい」と言う方もいます。しかし、それは違います。プログラミング言語のバージョンアップによって行われる変更は、よりプログラムを書きやすくなるように取り入れられるものです。さらに、動作速度が劇的に速くなることもあります。それは、学習者にもよりやさしく、便利になっていることを意味しています。そのメリットを知れば、便利な機能が使える新しいバージョンのプログラミング言語を使いたいと思うはずでしょう。

第4章 変数の壁

文法を学んで変数を正しく理解しよう

この章では、プログラミング学習第4の壁：変数の壁（変数などの基礎文法がよくわかっていない）を乗り越えます。本章ではとくに「変数」にフォーカスして文法を学びます。変数はプログラミングの基礎です。変数が正しく理解できていないと、その先の学習でつまずいてしまいます。しかし、多くの初学者が実は変数を正しく理解できていません。本章では、第3章でインストールしたPythonを使ってプログラミングで大切な基礎となる変数について学びましょう。みなさんは実際に本書の例に従ってプログラムを書いて、動きを確認しながら学んでください。

4.1 なぜ「変数」が正しく理解できないのか

初学者が正しく「変数」を理解できていない理由は、「変数」の基礎となるプログラミングの文法を学んでいないからです。文法の説明は地味で退屈なため、入門書や教室ではより実践的なテクニックの説明にすぐに入ってしまう傾向があります。それを英語学習で例えるならば、会話の例文だけを学んで、be動詞などを学ばないのと同じ状態です。

文法があやふやなまま学習を進めていくと、どんどん疑問が沸き上がってしまいます。あいまいなニュアンスが許されないプログラミングでは、それはより大きな問題となります。ただ、プログラミング言語の文法を学ぼうとして資料を探すと、上級者向けの難しげなものが多く見つかるでしょう。ですが、実のところ文法そのものはけっして難しくありません。

本章では変数の理解の基礎となるプログラミング言語の文法を初学者にもわかりやすいように、そしてなるべく退屈にならないように、動きを確認しながら学べるように説明します。

4.2 文と式を理解しよう

この節では「文」と「式」について学びます。文と式はプログラミングで最も基本となる概念です。

変数を利用するためにもこれらを使用します。まずは文とは何か、式とは何かから学んでいきましょう。

文とはコンピュータに「どうしてほしいか」を伝えるもの

プログラミング言語はコンピュータに「どうしてほしいか」を伝えるための言語です。プログラミング言語を使って「どうしてほしいか」書いたものを**プログラム**と呼びます。

プログラムは「どうしてほしいか」を単純な命令に分解して書いていきます。細かく分解した結果のひとつひとつの命令のことを**文**(statement)と呼びます。

文1つでは単純なことしか伝えられません。しかし、複数の文を組み合わせることによって、あらゆる複雑なプログラムを書くことができるのです。つまり、プログラムというのは、次のように文が並べて書いてあるものなのです。

```
文（何をしたいか、単純な命令）
文（何をしたいか、単純な命令）
文（何をしたいか、単純な命令）
:
:
```

最も簡単な文:式文

プログラミング言語にはさまざまな種類の文が用意されています。本書ではPythonのいろいろな文を紹介していきます。

まずは、最も簡単な文である**式文**(expression statement)を紹介します。式文とは**式**(expression)を書いた文です。

式とは計算などの処理をして結果を得るための記述のことです。コンピュータは式を読み込んで処理をします。これを**演算**(operation)と呼びます。たとえば、`1 + 1`だとか`10 - 3`のような式は「足し算」「引き算」といった演算をします。

発展

英語の用語を覚える価値

本文中では文（statement）、式（expression）といった英語の表記を併記します。これらを覚えることは必須ではないので、はじめは無視しても大丈夫です。ただ、英語の名称を覚えておくと、次の2つの理由で役に立ちます。

1つめは、英語で書かれているエラーメッセージが読みやすくなることです。Pythonのエラーメッセージは日本語化されていないため、英語でどのような名称なのかを知らないと読むことが難しいです。2つめは、英語で覚えたほうが用語の関係性がわかりやすいことです（たとえば、次の節で学ぶ「値」と「評価」は、英語ではvalueとevaluateです）。

英語が苦手な方は無理しなくても良いですが、英単語に抵抗感がないなら英語の用語も一緒に覚えてしまうことをお勧めします。

式の評価と値

式に示された演算を行うことを「式を**評価**する（evaluate）」と呼びます。そして、評価した結果得られるものを**値**（value）と呼びます。たとえば、**1 + 1**という式を評価すると「足し算」という演算が行われ、**2**という値を得ることができます。

「評価して値を得る」ことを「返す」と呼ぶことがあります。つまり今回の例では「**1 + 1**は**2**を返す」と言います。今後、本書でもこの呼び方も使います。

対話モードを起動しよう

それでは、ターミナル上で、Pythonの対話モードを起動しましょう。

Windowsを使っている方はPowerShellで**python**コマンドを実行してください。

```
> python
```

macOSを使っている方はターミナル.appで**python3**コマンドを実行してください。

```
% python3
```

そうすると、数行のメッセージのあと**>>>**という文字（プロンプト）が出てきます。これがPythonの対話モードでしたね！

この項の説明がわからなかったら、もう一度第2章、第3章を読み返してください。

式文を書いてみよう

対話モードでは文をひとつひとつ実行させることができます。

プロンプト**>>>**が出てきたら、文を1つ書いて Enter キー（macOSの場合は ↵ キー）を押すことでその文を実行します。実行したその文が式文の場合、返す値を表示します。

さっそく、1␣+␣1と書いて Enter キーを押してみてください。すると**2**という結果が表示されるでしょう。

```
>>> 1␣+␣1
2
```

このように、対話モードを使えば式文を実行した結果を確認できます。

column スペースは見やすさのため

例では1␣+␣1のように1と+の間に半角スペース（␣）を入れて書いていました。数字と演算子（この場合は1と+）の間に書いたスペースは無視されるので、1+1のように詰めて書いても同じ結果になります。しかし、あまり詰め過ぎると読みづらいため、適度にスペースを入れて見やすくするのが良いでしょう。

一方で、このあと出てくる2␣*␣(3␣+␣(2␣-␣1))は2␣*␣(␣3␣+␣(␣2␣-␣1␣)␣)のように書くほうが良いかというとそうでもありません。人によって「見やすい」と思う書き方は違うため、もしかすると「詰めたほうが良い」「もっとスペースを入れたほうが良い」という方はいるでしょう。

ただ、これは習慣的なものであり、多くのプログラマーが書いているのと同じようなスタイルにするのが結局は良いのです。本書では、一般的に書かれているスタイルを踏襲して書きますので、みなさんもできるだけ本書の書き方を真似することをお勧めします。

掛け算には×ではなく*****を使います。

```
>>> 2␣*␣3
6
```

もう少し複雑な式を書いてみましょう。

```
>>> 2 * (3 + 4)
14
```

カッコのある計算はカッコの中を先に計算するのでしたね。ただ、学校で習った書き方と違うこともあります。カッコが二重になるときは**{}**を使うのではなく**()**を重ねて使います。

```
>>> 2 * (3 + (2 - 1))
8
```

学校で習ったものと異なる書き方をする式はほかにもあります。

割り算には÷ではなく**/**を使います。**/**は前後で分子と分母に分かれた分数のように見えますが、分数ではなくあくまで÷と同じですので、必要に応じて**()**でまとめなければならないことに注意してください。

```
>>> (1 + 2) / (3 + 5)
0.375
```

これだけでも電卓の代わりに使えそうで便利ですね！　しかし、プログラミングの式は電卓として使うためのものではありません。次の節では式と値についてもう少し詳しく理解していきます。

発展

「1」と書いただけでも式

この話は難しいので最初は理解できなくても大丈夫ですが、もっと深く厳密に知りたい方のために説明します。

本文では「1 + 1という式を評価すると、2という値を得ることができます」という表現をしました。厳密にはこの表現は正しくありません。なぜかと言うと、2は値ではなく式だからです。

1や2などは「リテラル式」という名前の式です。リテラル式を評価すると、そのリテラルが示す値（「1」や「2」など）を返します。本当の値はコンピュータの中で扱う抽象的な概念です。

しかし、厳密にし過ぎるとかえって説明が難しくなってしまうため、本書ではリテラル式1とその本体の値「1」を区別せずに表記します。多くの場合はそれでも問題になりません。

「リテラル式」という式の存在を頭の片隅に入れておくと、いつかどこかで高度な文法を意識したプログラミングをすることになったときに少し役に立つかもしれません。

4.3 値と型を理解しよう

前の節では文、式、評価、値について説明し、Pythonの対話モードを使って実際に式を評価しました。この節では、式を評価した結果として得られる値について、さらに詳しく学びます。

値には型があることを知ろう

一口に値と言っても、プログラミング上ではいろいろな種類の値があります。値の種類のことを型と呼びます。型には次のようなものがあります。

- 整数型
- 浮動小数点数型
- 文字列型
- その他(ブール型、None型、オブジェクト型)

ここでは整数型、浮動小数点数型、文字列型について説明します。

整数型とは

整数(integer)型とは…, -2, -1, 0, 1, 2, …のように、0と負の数を含み、小数や分数を含まない数を表す値の型です。

対話モードに書いてみましょう。

```
>>> 1
1
>>> 0
0
>>> -9999
-9999
```

最も基本的な型ですので、とくに説明する必要はないでしょう。以降は、整数型の値のことを「整数値」、あるいは単に「整数」と表記することもあります。

発展

整数値の範囲

Pythonでは、整数型の範囲に制限はありません。1億でも、100兆でも、マイナス1,000京でも整数型として扱うことができます。しかし､プログラミング言語によっては扱える値の範囲ごとに、整数型を複数持っていることがあります。たとえば、byte、short、int、longのように徐々に扱える値の範囲が大きくなり、byteは-128から127まで、intは-2147483648から2147483647までの数値しか扱えない、といった感じです。

なぜこのような値の範囲が存在するかというと、その数値を表現するのに必要なメモリのサイズが影響しているからです。より大きな桁数の数値を表現するためには、より多くのメモリを使用します。コンピュータは0と1の2進数で数値を扱うため、2進数で何桁分必要かによって必要なメモリのサイズが異なります。そこで2進数で8桁（8bit＝1byte）必要ならばbyte、32桁必要ならばintを使うといった使い分けをします。

Pythonではプログラマーが扱う値の大きさによって型を使い分けなくて良いように、内部で自動的に調整してくれます。

浮動小数点数型とは

「ふどうしょうすうてんすう」とは聞き慣れない言葉ではないかと思います。これは「小数」を含む数と思えばおおむね問題ありません。

小数を扱う場合、小数点を固定する方法と固定しない方法があります。小数点を固定するというのは、たとえば、小数は小数点以下2位までということを固定し、**123.45**という小数を内部的には**12345**という整数で保持するという方法です。この方法では、あらかじめ小数点第何位までの精度を持つかを決めておかなければなりません。

一方、小数点を固定しない方法では**12345**という数と「小数点をどこに置くか」という情報を持っておきます。このような方法で扱う数値を**浮動小数点数**（floating point number）と呼びます。

以降は、浮動小数点数型の値のことを「浮動小数点数値」、あるいは単に「浮動小数点数」と表記することもあります。

浮動小数点数の良いところは、あらかじめ精度を決めておかなくて良いことです。

```
>>> 0.1
0.1
>>> 1.0
1.0
>>> 3.14159
3.14159
```

ここで注意してほしいことは、浮動小数点数の**1.0**と整数の**1**は別だということです。このことはあとで解説する演算で影響がありますので、覚えておいてください。

発展

浮動小数点数は「有効数字」

高校や大学で理系だった人には、「有効数字」と言えばよりわかりやすいでしょう。たとえば、**0.0023**という数字は2.3×10^{-3}と書くことができます。

コンピュータは限られたメモリを使って数値を扱うため、$\frac{1}{3}=0.333333....$のような無限小数を扱うことができず、常に有効数字を使った近似値を使います。有効数字を使うことによって、使用するメモリの容量が同じでも、小さな値はより細かく、大きな値は大雑把に扱うことができるため、コンピュータを使って数量を扱ううえでは便利です。

ただし、有効数字を使った計算では誤差が生じます。そして、計算をするにつれて誤差が拡大します。シミュレーションや科学計算の分野では誤差との戦いが大きなテーマの1つとなっています。また、会計システムやインターネット通販サイトなど金額を扱うプログラムでは、誤差が出ることは許されないため、浮動小数点数の使用を避けることが一般的です。

文字列型とは

人は`11`と書かれたものが、数値の「じゅういち」なのか、「いち」という文字が2つ並んだ文字列なのかを状況によって判断します。しかし、プログラミング言語ではこれらは別のものとして扱います。

文字を複数並べたものをプログラミングでは**文字列**(String)と呼びます。以降は、文字列型の値のことを「文字列値」あるいは単に「文字列」と表記することもあります。

11が数値の「じゅういち」の場合はそのまま`11`と書きます。一方「いち」という文字が2つ並んだものであるときは`"11"`のように表記します。**"**は「ダブルクオーテーション」と呼ぶ記号で、プログラミング言語では囲ったものが文字列値であることを示すために使われます。

`"hello"`、`"あいう"`、`"!!!"`のようにアルファベット、日本語文字、記号、なんでも文字列として扱えます。

なお、Pythonでは`"hello"`のようにダブルクオーテーション記号を使っても、`'hello'`のように**'**(シングルクオーテーション)を使っても良いですが、本書では**"**で統一します。

対話モードで書いてみましょう。

```
>>> "123"
'123'
>>> "hello"
'hello'
>>> "こんにちは"
'こんにちは'
```


対話モードの結果ではダブルクオーテーションで書いても、シングルクオーテーションになっていますね。どちらでも同じですので、気にしないで進めてください。

`"A`や`B"`のようにダブルクオーテーションで挟めていない場合はエラーになります。

```
>>> "A
  File "<stdin>", line 1
    "A
    ^
SyntaxError: unterminated string literal (detected at line 1)
```

このようにエラーが出たときは最後の行のメッセージを落ち着いて読めば間違いを直せるでしょう。「unterminated string literal」は「文字列が終わってませんよ」という意味です。エラーは怒られているのではなく、親切に間違いを教えてくれているのです。落ち着いて、正しく"で囲うように直してもう1回実行すれば大丈夫です。

```
>>> "A"
'A'
```

発展

できるだけダブルクオーテーションに統一するわけ

文字列は「シングルクオーテーションでもダブルクオーテーションでも良い」そのようにしてしまうと、プログラマーによって`"hello"`と書く人と`'hello'`と書く人が出てきてしまいます。

同じことを意味するプログラムはなるべく同じように書いたほうが良いとされています。そこで、最近はPythonでプログラムを書くときは"で書く流れになってきています（Blackというコード整形ツールが"に統一することが主な理由です）。みなさんも、Pythonで'を使うのは次のように"自体を含めたいときにとどめ、それ以外では"を使うようにしましょう。

```
>>> 'He said, "Hello".'
'He said, "Hello".'
```

その他の型について

このほかにも色々な型があります。たとえば、ブール型、None型、オブジェクト型、リスト型、関数型など、一度に全部を覚えようとしたらきりがないでしょう。そこで、ここから先は新しい型を使う必要が出てきたときにその都度説明します。

大事なことは、値には型があり、型ごとに違う性質が決められているということです。今までは**1**、**1.0**、**"1"**、どれも「いち」として同じにとらえていたのではないかと思います。これらはプログラミングではまったく別のものとして(それぞれ整数、浮動小数、文字列として)区別するのだということを知ってもらえれば、この時点では大丈夫です。

4.4 さまざまな演算を学ぼう

前の節では値について学びました。この節では演算について学びます。値と演算を理解すれば式を使いこなせるようになります。

演算子と2項演算式

これまでは、式とは**1 + 1**のようなものとしていました。このうち**+**のような記号を演算子(operator)と呼びます。

演算子は**+**のような算数の計算記号に限りません。**not**、**and**のような英単語の演算子や、******、**//**のような記号を複数重ねた演算子もあります。

1 + 1のような式では、値と値が演算子を挟むように記述します。このような演算式を2項演算式と呼びます。

2項演算式はもっとも基本的な式の形です。ここでは、ここまでに学んだ整数型、浮動小数点数型、文字列型の値に対する2項演算について説明します。

発展

2項演算以外の演算もある

-1のように書くと「マイナス1」と評価されます。このとき**-**は1という値しか扱っていないため、このような演算式を「単項演算式」と呼びます。本書ではこのほか**not**という単項演算式も登場します。

整数と整数の演算

演算は、対象となる値の型ごとに定義されています。つまり、同じ**+**という記号を使っていても、「整数＋整数」と「文字列＋文字列」ではまったく別のものとして定められています。みなさんはすでに型について学んでいるので、型に注意しながら演算を学んでいきましょう。

まずは、整数同士の演算です。整数同士の演算には表4.1のものがあります。

▼表4.1　整数同士の演算

演算子	演算内容	結果の型
+	加算（足し算）	整数型
-	減算（引き算）	整数型
*	乗算（掛け算）	整数型
/	除算（割り算）	浮動小数点数型
//	切り捨て除算	整数型
%	剰余	整数型
**	べき乗	整数型

ここで注目すべきなのは、表の中では**/**のみ浮動小数点数型の値を返すことです。それ以外の演算は整数型の値を返します。

また、除算を行う演算子が2種類あることにも気づくと思います。これは、小学校で割り算を習ったとき「5÷2」という割り算の答えとして「2.5」という答え方と「2あまり1」という答え方の2種類を教わったことを思い出せば違いがわかるでしょう。「2.5」という答え方は小数や分数を教わるまでは使えませんでしたね。

それでは実際に対話モードで試してみましょう。

```
>>> 123 + 345
468
>>> 100 - 200
-100
>>> 5 / 2
2.5
>>> 5 // 2
2
>>> 5 % 2
1
>>> 3 ** 2
9
```

浮動小数点数の演算

次に、浮動小数点数で使える演算を学びましょう。使える演算子として表4.2のものがあります。

▼表4.2 浮動小数点数を含む演算

演算子	演算内容	結果の型
+	加算（足し算）	浮動小数点数型
-	減算（引き算）	浮動小数点数型
*	乗算（掛け算）	浮動小数点数型
/	除算（割り算）	浮動小数点数型
**	べき乗	浮動小数点数型

このようにしてみると、整数同士とほぼ変わらないように見えますが、結果の型が違います。浮動小数点数同士の四則演算およびべき乗演算の結果は常に浮動小数点数型の値になるのです。

それでは実際に対話モードで試してみましょう。

```
>>> 1.0 + 1.0
2.0
>>> 1.5 - 2.0
-0.5
>>> 3.14 * 3.5
10.99
>>> 5.0 / 3.0
1.6666666666666667
>>> 2.0 ** 0.5
1.4142135623730951
```

ここで注意が必要なことは、浮動小数点数同士の計算結果はけっして整数にはならないということです。小学校の算数では**0.5 + 0.5**は**1**ですので、小数+小数が整数になることもありました。しかし、プログラミングでは**0.5 + 0.5**は**1.0**となり、**1**という整数にはなりません。

```
>>> 0.5 + 0.5
1.0
>>> 0.2 * 10.0
2.0
```

整数と浮動小数点数の演算

整数と浮動小数点数を組み合わせた演算式を書いた場合は、自動的に整数が浮動小数点数に変換されてから演算が行われます。たとえば**1 + 2.5**という演算ではいったん**1.0 + 2.5**のように変換されてから計算されます。浮動小数点数同士の四則演算およびべき乗演算は浮動小数点数になるため、整数と浮動小数点数のこれらの演算の結果は浮動小数点数になります。

```
>>> 1 + 2.5
3.5
```

文字列の演算

次は文字列同士の演算です。文字列は数ではないので「足し算」のような計算はできません。しかし、文字列をつなぎ合わせたりする操作を演算として行うことができます。

文字列に対して使える演算として表4.3のものがあります。

▼表4.3　文字列の演算

演算子	演算内容	結果の型
+	文字列と文字列の連結	文字列型
*	文字列を指定の回数繰り返す	文字列型

まずは文字列と文字列の連結です。文字列と文字列に対して**+**演算子を使用すると、2つの文字列を結合した文字列を返します。

```
>>> "hello" + "world"
'helloworld'
>>> "こんにちは" + "世界"
'こんにちは世界'
>>> "1" + "1"
'11'
```

次に文字列の繰り返しです。**文字列 * 整数**と記載すると、その文字列を指定した回数繰り返した文字列を返します。

```
>>> "万歳" * 3
'万歳万歳万歳'
```

エラーが起こしてみよう

演算を行うとエラーが起こることがあります。前述のとおり、エラーは間違いを教えてくれる親切なメッセージです。

どんなことをするとどんなエラーが出るのかをあらかじめ知っておけば、そのあとの学習でエラーに出会っても驚かずに対応できるようになります。そこで、ここではわざとエラーを起こしてどんなメッセージが出るか見てみましょう。

まずはゼロ除算です。プログラミングでは算数、数学と同じように0で割ってはいけません。0で割ろうとすると次のようなエラーが出ることを確かめてみましょう。

```
>>> 1 / 0
Traceback (most recent call last):
  File "<stdin>", line 1, in <module>
ZeroDivisionError: division by zero
```

次は定義されていない演算です。たとえば**文字列 + 文字列**は連結として定義されていますが、**文字列 - 文字列**、**文字列 * 文字列**は定義されていません。文字列と文字列の間に、わざと**-**や*****演算子を書いて以下のようなエラーが出ることを確認しましょう。

```
>>> "こんにちは" - "ちは"
Traceback (most recent call last):
  File "<stdin>", line 1, in <module>
TypeError: unsupported operand type(s) for -: 'str' and 'str'

>>> "hello" * "123"
Traceback (most recent call last):
  File "<stdin>", line 1, in <module>
TypeError: can't multiply sequence by non-int of type 'str'
```

最後に型が合わないことによるエラーです。整数と浮動小数点数の計算は「整数を浮動小数点数に変換する」ことによってエラーなく実行できます。しかし、整数と文字列、浮動小数点数と文字列の間で四則演算やべき乗演算をすることはできません。

```
>>> "こんにちは" + 1
Traceback (most recent call last):
  File "<stdin>", line 1, in <module>
TypeError: can only concatenate str (not "int") to str
```

複数の演算式を組み合わせてみよう

式の中には複数の式を組み合わせて書くこともできます。

同じ演算子を横に並べた場合は単に左から順に評価されます。たとえば1 + 2 + 3と書いた場合、まず1 + 2という式が評価され、次にその結果の値を使って3 + 3という式が評価され、結果の値として6が返されます。

異なる演算子を組み合わせた場合は、演算子の優先順位にしたがって評価が行われます。ここまでに説明した演算では、次の優先順位に従います。

- **
- *、/、//、%
- +、-

たとえば*は+よりも優先順位が高いので、1 + 2 * 3と書いたときは2 * 3が先に実行されます。なお、同じ優先順位同士については左から順に評価されます。

優先順位が意図と異なる場合は丸カッコ()を使って先に計算したい式を囲ってください。

丸カッコで囲った式(カッコ式)は丸カッコの外側の式よりも先に評価されます。

4.5 変数を理解しよう

いよいよ「変数」を理解する準備ができました！　ここまでに学んだ文、式、値を使って、変数を正しく理解しましょう。

代入文の文法

変数を使うためには**代入文**(assignment statement)という文を使用します(本書では、式文に続く2番めに登場する文ですね！)。

代入文は名前␣=␣式という書き方をします。代入文を実行すると、先に右側の式が評価されます。そして、評価した結果として返される値に、左側に書いた名前(name)を割り当てます。この名前のことを**変数**(variable)とも呼びます。

たとえば、次の代入文は、右側の式の評価結果である2にaという名前を割り当てます。

```
>>> a = 1 + 1
```

aという変数が作られ、2という値に割り当てられたとも言えます。関係性をひっくり返して「aに2を割り当てる」と言っても問題ありません。そして、代入文の名のとおり「変数aに値2を代入する」とも言います。このとき=という記号は「等しい」という意味ではありません。

必ず左側は変数、右側は式でなければいけません。たとえば次のように書くとエラーになります。

```
>>> 1 + 1 = a
  File "<stdin>", line 1
    1 + 1 = a
    ^^^^^
SyntaxError: cannot assign to expression here. Maybe you meant '==' instead of '='?
```

column 変数は「箱」ではない

本書では「2にaという名前を割り当てる」という説明をしています。しかし「aという箱に2を入れる」という説明をしている入門書の方が多いでしょう。本書はこの「変数は箱」という比喩を採用しません。プログラミングの変数は現実世界の「箱」とは大きく異なるからです。

たとえば、現実世界では、箱に入れたものを取り出すと、箱の中身はなくなります。しかしプログラミングで変数を評価しても、値はなくなりません。変数を「箱」だと思ってしまうと、あとのプログラミングの理解が難しくなってしまいます。ですので「箱に入れる」というイメージを持っている方はそのイメージを忘れてください（図4.A）。

▼図4.A　変数のイメージ

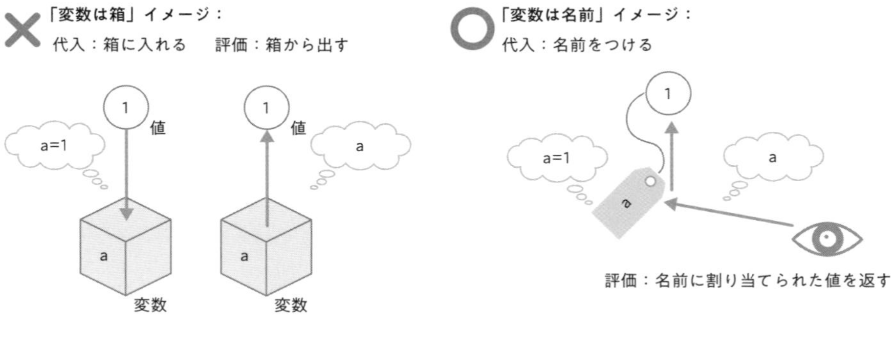

変数を使う

代入文を実行したあとに実行する別の文では、割り当てた名前、すなわち変数を使うことができます。式の中に変数を書くと割り当てられた値として評価されます。たとえば、先ほどの代入文`a = 1 + 1`を実行したあとに次の式文を書くと**a**は**2**として評価されるので、`2 + 1`と書いたのと同じこととなり、**3**を返します。

```
>>> a + 1
3
```

変数には「数」以外の値も割り当てられる

変数という名前を聞くと「数」の一種のように聞こえるかもしれません。しかし、プログラミングの変数には数値（整数、浮動小数点数）以外の値も割り当てることができます。

たとえば、次のように文字列を割り当てることができます。

```
>> your_name = "太郎"
>> "こんにちは" + your_name + "さん"
'こんにちは太郎さん'
```

変数に別の値を代入する

同じ名前の変数に対して代入文を実行したときは、新たに評価した値にその変数を割り当てます。

たとえば次のように、変数**a**に値**1**が割り当てられている状態で`a = 2`と書いて実行すると、**a**に割り当てられた値は**2**になります。

```
>> a = 1
>> a
1
>> a = 2
>> a
2
```

`a`を評価した値はもう**1**ではありません。

発展

「変数」「代入」という言葉にとらわれてはいけないわけ

「変数」は数学の用語です。式の中で文字を書いているのが数学の変数にそっくりですので、プログラミングでも「変数」と呼ぶことにしているのです。このように、プログラミングは数学の用語の多くを取り入れています。しかし、プログラミングと数学は本来別のものです。数学の変数はまさに「変わる数」です。値に割り当てられている名前ではありません。

同様に「代入」も数学の用語です。数学では変数に値を当てはめることを「代入」(数学ではsubstituteという英単語を使います)と呼ぶので、プログラミングでも「代入」という用語を使う習慣になっています。しかし、プログラミングの場合は「代入」というよりも「割り当て」(assignment)のほうがより近いでしょう。

このように「変わる数」「代わりに入れる」といった字面を読んで理解しようとしても意味がありません。これらは単なる用語として覚えてください。

変数によって式が読みやすくなる

変数というしくみをプログラミング言語が提供しているのには理由があります。その理由の1つとして、値に名前を付けられると式が読みやすくなって便利だから、という点があります。

たとえば次の式文を見てください。この式文は何を求めているかわかりますか？

```
>>> 3.14159265358979 * 2.0 ** 2
12.56637061435916
```

今度は次の一連の文を見てください。

```
>>> radius = 2.0
>>> pi = 3.14159265358979
>>> area = pi * radius ** 2
>>> area
12.56637061435916
```

前者と後者は同じ結果を得ていますが、後者のほうが「半径2.0の円の面積」を求めているという意図がわかりやすいのではないかと思います。このように、読む人に式の意図を伝えるために変数は便利なのです。

変数名の決め方

変数があることで式が読みやすく、便利になることがわかりました。では、変数の名前はどのように付ければ良いのでしょうか？　変数には、プログラミング言語によって定められた変数の決まりに従ってさえいれば、プログラマーがわかりやすい名前を付ければ良いのです。

Pythonでは変数名の決め方について次のような決まりがあります。

- 1文字めは数字にしてはいけない（2文字め以降はOK）
- スペースを含めてはいけない
- _以外の記号は使えない

たとえば、次のような名前は作ることができません。

- `1st_name`（1文字めが数字）
- `area size`（スペースを含んでいる）
- `q&a`（_以外の記号が含まれている）

次の名前ならば大丈夫です。

- `first_name`や`name_1st`
- `area_size`
- `q_and_a`

_は「アンダースコア」と呼ばれる文字です。変数の名前にはスペースが使えないので、単語の区切りにはスペースの代わりに_がよく使われます。

発展

変数名はできれば英語で書こう

先ほどの面積の式では`radius`、`area`といった英単語を使った変数名を使いました。英語が苦手ならば`radius`の代わりに`hankei`、`area`の代わりに`menseki`でも良いです。

```
>>> hankei = 2.0
>>> pi = 3.14159265358979
>>> menseki = pi * hankei ** 2
>>> menseki
12.56637061435916
```

ただ、できれば英語で書くほうが良いでしょう。それはなぜかと言うと、プログラミング言語の中で英単語が使われているからです。たとえば、次章で説明する文ですが、次のような文は読みやすいでしょうか？

- if namae is None:
- for kaiin in kaiintachi:

日本語と英語が混ざってしまっていて気持ち悪いですね。

- if name is None:
- for member in members:

このように、変数の名前には英語を使ったほうがプログラムが自然に読みやすくなるのです。英語が苦手でも、Google翻訳などの翻訳ツールを使って、なるべく英語の名前を付けるようにしましょう。

変数の値をカウントアップ・カウントダウンさせる方法を知ろう

変数のちょっと変わった使い方を学びましょう。

まずは、値をカウントアップする方法です。代入文の右側の式に左側と同じ名前の変数を含めることで、実行するごとに変数の値をカウントアップさせたり、カウントダウンさせたりすることができます。

実際に動作を見てみましょう。まずは変数**counter**を作って**1**という値に割り当てます。

```
>>> counter = 1
>>> counter
1
```

この**counter**の値を1カウントアップしてみましょう。

```
>>> counter = counter + 1
>>> counter
2
```

このように**2**になりました。次に**counter**を**2**カウントアップさせてみましょう。

```
>>> counter = counter + 2
>>> counter
4
```

今度はcounterを3カウントダウンさせてみましょう。

```
>>> counter = counter - 3
>>> counter
1
```

このように代入文の左右に同じ変数名を書くことで、現在の変数が割り当ててある値を基準に次の値を割り当てることができます。=の左右に同じ名前の変数があり、数学や算数の等式ではありえないことになっていますね。これはプログラミング特有の書き方ですが、文法を意識して次のことを思い出しましょう。

- =は等号ではなく、右辺を評価した結果に左辺の変数を割り当てるもの
- 変数は別の値に割り当てることができる

「右辺の式を評価して、その結果に左辺の変数を割り当てている」と自然に考えることができているなら、この章の説明を理解できている証拠です。自信を持って先に進んでください。

2つの変数の値を交換する方法を知ろう

次は2つの変数を交換する方法を紹介します。たとえば、以下のように変数aとbがあったとします。

```
>>> a = 10
>>> b = 20
>>> a
10
>>> b
20
```

この2つの変数それぞれが割り当ててある値を互いに交換するときは、次のように書くのが一般的です。

```
>>> temp = a
>>> a = b
>>> b = temp
```

実際に入れ替えられたかどうかを見てみましょう。

```
>>> a
20
>>> b
10
```

以下のように書いてしまうと正しく値を交換できません。

```
>>> a = b
>>> b = a
```

実際にやってみればわかります。

```
>>> a = 10
>>> b = 20
>>> a = b
>>> b = a
>>> a
20
>>> b
20
```

これは、`a = b`を実行した時点で**a**は**b**と同じ**20**に割り当てられてしまうため、`b = a`を実行したところで**b**を**20**に割り当てるだけになってしまうからです。

そこで**temp**という変数（tempは「一時的」を意味する「temporary」の略語です）を、元の**a**の値に割り当てておくことで、**a**を別の値に割り当てたあとでも、もともとの**a**の値を**b**に割り当てられるようにしているのです。

発展

Pythonではもっと簡単な書き方がある

この節で紹介した書き方は、Pythonではもっと簡単に書くことができます。
counter += 1と書くとcounter = counter + 1と同じようにcounterを1カウントアップします。

```
>>> counter = 1
>>> counter
1
>>> counter += 1
>>> counter
2
```

-=、*=、/=などの書き方もできます。
a, b = b, aと書けば、変数tempを作らなくても変数a、bの値を交換できます。

```
>>> a = 10
>>> b = 20
>>> a, b = b, a
>>> a
20
>>> b
10
```

これらの書き方のほうが簡単ですので、知っているなら積極的に使って良いでしょう。ただ、変数のしくみを理解するうえでは、一度、本文の書き方を試しておくと良いです。変数に限らず、まずしくみを理解したうえで、より便利な書き方を覚えて使っていきましょう。

4.6 関数を理解しよう

最後に「関数」についても学びましょう。ここまで文法を学んできているみなさんには、「関数」も難しくありません。

関数は「機能」のこと

関数は変数と同様に数学に因んだ用語です。ですので「関わる数」という言葉にとらわれてはいけません。

関数は英語でFunctionと書きます。Functionには「機能」という訳もあります。プログラミングの「関数」は「機能」という言葉のほうが意味が近いでしょう。

式の中で呼び出せる機能のことを、プログラミングでは**関数**（function）と呼びます。

関数を構成する要素

関数は式の中で呼び出せる機能です。関数には次の要素があります。

- 関数名
- 引数《ひきすう》
- 返り値

関数名は関数の名前です。関数を呼び出すときにその名前を使って呼び出します。

引数は関数を呼び出すときに渡す値です。引数の数は1つの場合もあれば、2つ以上の場合もあります。また、引数を持たない関数もあります。

返り値は関数を呼び出した結果として返される値です。戻り値とも呼びます。

関数を理解するイメージとして、自動販売機を思い浮かべると良いでしょう。自動販売機はお金を入れてボタンを押すと、ジュースなどの商品が出てきます。引数は自動販売機に入れるお金です。返り値はジュースです。自動販売機を使う人は自動販売機の中身がどのようになっているかを知りません。中身がどのようなしくみかわからなくても、自動販売機を使ってジュースを買うことができます。

関数は、使う人からは中身がどのようになっているか見えなくても使えるのが特徴です。

呼び出し式

プログラミングで関数を使うためには**呼び出し式**（call）という式を使います。引数がない関数の呼び出し式は次のように書きます。

```
関数名()
```

引数が1個の場合の呼び出し式は次のように書きます。

```
関数名(第1引数)
```

引数が2個の場合は次のように書きます。

```
関数名(第1引数,␣第2引数)
```

以降、引数が3個以上の場合も**,**で続けて引数を書いていきます。呼び出し式を評価すると、関数の中で決められた処理が行われ、結果として返り値を返します。

Pythonにはさまざまな関数があらかじめ用意されています。実際にその一部を呼び出してみましょう。

len:文字列の長さを返す

lenという関数を呼び出すと、引数に指定した文字列の長さを返します。

```
>>> len("hello")
5
```

この場合**len**が関数名、**"hello"**が引数、**5**が返り値です。

引数には日本語を指定することもできます。

```
>>> len("あいう")
3
```

abs:絶対値を返す

absという関数を呼び出すと、引数に渡した数の絶対値を返します。たとえば、-10の絶対値は10であることは次のように書くとわかります。

```
>>> abs(-10)
10
```

引数には整数値のほか、浮動小数点数値も含めることができます。

```
>>> abs(2.5)
2.5
```

type:値の型を返す

typeという関数を呼び出すと、引数に指定した値の型を返します。
値が整数の場合は**<class 'int'>**と返します。intとは整数を意味するintegerの略語です。

```
>>> type(1)
<class 'int'>
```

値が文字列の場合は**<class 'str'>**と返します。**str**とは文字列を意味するstringの略語です。

```
>>> type("hello")
<class 'str'>
```

値が浮動小数点数の場合は**<class 'float'>**と返します。floatとは浮動小数点数を意味するfloating point numberの略語です。

```
>>> type(3.14)
<class 'float'>
```

str:文字列に変換する

str関数に整数型や浮動小数点数型の値を渡すと、その数値を文字列に変換します。

```
>>> str(123)
'123'
>>> str(3.14)
'3.14'
```

これを利用して、数値と文字列値を結合することができます。

```
>>> "1 + 1 = " + str(1 + 1)
'1 + 1 = 2'
```

int:整数に変換する

int関数に文字列値を指定すると、整数型の値に変換できます。

```
>>> int("100")
100
```

ただし、整数に変換できない文字列を引数に指定した場合はエラーが発生します。

```
>>> int("abc")
Traceback (most recent call last):
  File "<stdin>", line 1, in <module>
ValueError: invalid literal for int() with base 10: 'abc'
```

int関数は浮動小数点数を整数に変換することもできます。なお、小数点以下の数は切り捨てられます。

```
>>> int(3.14)
3
>>> int(-1.41)
-1
```

float:浮動小数に変換する

float関数の引数に文字列値や整数値を指定すると、浮動小数点数型の値に変換できます。

```
>>> float("3.14")
3.14
>>> float(1)
1.0
```

関数は機能と名前を知っておけば使える

このように、関数は内部でどのような処理が行われているのかを知らなくても使うことができます。自分がほしい機能を提供する関数の名前を知っておけば、それを呼び出すことでさまざまなことができるのです。

以降、みなさんはさまざまな関数を覚えていきます。やりたいことに対して、その機能を提供する関数を覚えていくことがプログラミング学習の大きな部分になっていきます。

発展

関数は自分で作ることもできる

本章では関数の呼び出し方のみ説明していますが、「自分で関数は作れないのか？」と思った方もいるかもしれません。もちろん自分で関数を作ることもできます。しかし今の段階では、プログラミング言語が用意してくれている関数の呼び出し方を覚えておけば大丈夫ですので、この章では割愛しました。

自分で関数を作ることについては第7章で説明します。

4.7 「変数」を構成する文法をおさらいしよう

この章では、プログラミング言語の基礎文法としての、文、式、値、演算について学び、そのうえで変数と関数について学びました。具体的には、プログラミング言語の基礎文法として以下のことを学びました。

- プログラムとは文の集まりである
- 式文という文は、式を書いて評価する文である
- 式を評価すると、値を返す
- 値には整数、浮動小数点数、文字列などの型がある
- 式の中に書いた+などの演算子は、型によって行われる演算が決められている
- 演算子には優先順位があり、式の中に複数の演算子を書いた場合は優先順位が高い演算子から順に評価される

そして、これをふまえたうえで変数、関数について以下のことを学びました。

- 変数とは値に割り当てた名前である
- 式の中で変数を評価すると、その変数に割り当てられた値が結果として返される
- 関数とは機能である
- 関数には関数名、引数、返り値があり、呼び出し式を使って呼び出す
- 自分がほしい機能を満たす関数がすでにあるなら、それを呼び出すだけで目的を果たせる

- Pythonには**len**、**abs**、**type**、**str**、**int**、**float**のような関数がはじめから用意されている

本章で学んだことはプログラミングの基礎であり、押さえることで以降の学習がスムーズになるでしょう。本書を読む前に、別の書籍を読んですでに挫折していた方は、本章を読むことによって過去に挫折してしまった書籍が読めるようになっているかもしれません。今後、学習を進める中でわからないことがあったら何度でもこの章へ戻ってきてください。

第1章 第2章 第3章 第4章 第5章 第6章 第7章 第8章 第9章 第10章

発展

本章の説明が当てはまらないプログラミング言語も存在する

本章ではPythonを前提として「プログラミング言語の文法」を説明しました。しかし、プログラミング言語によって文法は異なります。プログラミング言語によって、本章の説明がほぼ当てはまるものもあれば、大きく異なるものもあります。

説明がほぼ当てはまる言語としては、C、C++、Java、C#、Ruby、Swift、Kotlin、JavaScript、Visual Basicなどがあります。これらは手続き型言語、または命令型言語と呼ばれる種類のプログラミング言語です。

手続き型言語ではない言語も存在します。たとえばSQL、Lisp、Prologなどが該当します。これらを学ぶときは専用の体系を学びなおす必要があるでしょう。

手続き型言語の場合は「文」「式」「評価」といった概念は変わりません。「代入文」ではなく「代入式」を用意しているなど言語ごとに微妙な違いはありますが、基本を押さえた人にとっては大きな問題にならないでしょう。それぞれの言語の入門書やチュートリアルを参照すれば、理解することは難しくないはずです。

練習

次の問題に答えてください。なお、問題を解くためにプログラムを実際に書いても良いです。

❶ 対話モードで次のように実行すると[?]には何と表示されますか？

```
>>> a = 1
>>> b = 2
>>> a + b
[ ? ]
```

❷ 問題❶では対話モードでいくつの文を実行していますか？

❸ 問題❶で実行した文は、それぞれ何文ですか？

❹ 対話モードで次のように実行すると[?]には何と表示されますか？

```
>>> value = 100
>>> type(value)
[ ? ]
```

❺ 問題❹の結果から変数valueに割り当てられた値の型は何型だと説明できますか？

❻ 対話モードで次のように実行するとエラーが出ました。なぜでしょうか？

```
>>> a = 1
>>> b = "1"
>>> a + b
Traceback (most recent call last):
  File "<stdin>", line 1, in <module>
TypeError: unsupported operand type(s) for +: 'int' and 'str'
```

❼ 問題❻で書いた文を修正して、2と表示されるようにするためには[?]の部分には何と書けば良いですか？

```
>>> a = 1
>>> b = "1"
>>> a + [ ? ](b)
2
```

❽ 問題❻で書いた文を修正して、'11'と表示されるようにするために[?]に書く内容を答えてください。

```
>>> a = 1
>>> b = "1"
>>> [ ? ](a) + b
'11'
```

❾ 対話モードで次のように実行すると[?]には何と表示されますか？

```
>>> len("hello" * 3)
[ ? ]
```

❿ 対話モードで次のように実行すると[?]には何と表示されますか？

```
>>> a = 10
>>> a = a + 5
>>> a = a - 2
>>> a
```

```
[ ? ]
```

⓫ 対話モードで次のように実行すると[?]には何と表示されますか？（これは発展問題です。実際にプログラムを書いて動きを試してみましょう）

```
>>> value = 100
>>> value_type = type(value)
>>> type(value_type)
[ ? ]
```

[解答]

(1) 3

(2) 3つ

(3) a = 1：代入文

b = 2：代入文

a + b：式文

(4) <class 'int'>

(5) 整数型

(6) 演算子+は整数と文字列の間に指定することはできないため。

(7) int

(8) str

(9) 15

(10) 13

(11) <class 'type'>（詳しくは次の発展「type関数を使えばさまざまな型を見つけることができる」で説明します）

発展

type関数を使えばさまざまな型を見つけることができる

練習問題❿の答えは<class 'type'>でした。このことから、type関数の返り値はtype型という型の値であることがわかります。

このように、「どんな式も値を返し、どんな値にも型がある」ことは、「型が何か」を返すtype関数ですらtype型の値を返すということからもわかります。

このようにtype関数を使えばさまざまな型を見つけることができます。たとえば、len関数のlen自体も型を持っています。

```
>>> type(len)
<class 'builtin_function_or_method'>
```

同じ関数でもstr関数やint関数は違う結果になります。

```
>>> type(str)
<class 'type'>
```

このほかに、<class 'function'>と出る関数もあります（第7章で紹介する方法で関数を作った場合はこのようになります）。

builtin_function_or_methodとtype、functionの違いは本書のレベルを超えます。しかし、同じ関数のように見えても実はさまざまな型がPythonにはあることがtype関数を使うと発見できるのです。このような好奇心を働かせる実験は、どんどんやってみることをお勧めします。

第5章 組み立て方の壁

プログラムの要素と構造を押さえよう

この章では、プログラミング学習第5の壁：組み立て方の壁（プログラムの組み立て方がわからない）を乗り越えます。プログラムは文を組み立てて作ります。ひとつひとつの文が書けても、文を組み立てることができなければプログラムは作れません。文の組み立て方には大原則があります。その大原則を押さえれば、次第に大きなプログラムも組み立てられるようになるでしょう。本章ではプログラムの組み立て方の大原則を学びましょう。

5.1 プログラムの3大要素を知ろう

まずは、第4章で学んだことをおさらいしましょう。「文」はコンピュータに「どうしてほしいか」を伝える単純な命令でした。これまでに「代入文」と「式文」を学んでいます。

文を組み合わせて作るプログラムには、3つの構成要素があります。

1つめの要素は**入力**（input）です。プログラムの外側からプログラムの使うデータを取り込む部分のことです。2つめの要素は**処理**（process）です。入力したデータに演算などの計算を行う部分のことです。そして3つめの要素は**出力**（output）です。処理した結果をプログラムの外側に出す部分のことです。この3つを**プログラムの3大要素**と呼びます。

たとえばゲームでは、プレーヤーによるマウスやキーボード、コントローラの操作が入力です。プレーヤーの入力に対し、ゲームのルールに基づく計算をしたり、キャラクターの次の位置を計算したりするのが処理です。そして、処理した結果を2Dや3Dのグラフィックとして画面に表示するのが出力です。出力のあとにプログラムを終了することもありますし、もう一度入力を受け付けるプログラムもあります。

つまり、文の集まりであるプログラムの一部分を取り出すと、必ず次のように文が組み立てられています。

```
入力のための文
        .
        .
処理のための文
        .
        .
出力のための文
        .
        .
```

このようにすべてのプログラムは「どのように入力し、どのように処理し、どのように出力するか」を書いたものなのです。それぞれをどのように書けば良いかを知ることがプログラミングの出発点になります。

入力とは何かを知ろう

入力とはプログラムの外側からプログラムへデータを取り入れることです。プログラムへの入力方法はさまざまです。

- キーボードやコントローラなどの操作
- ファイルから読み込んだデータ
- ネットワーク上からの呼び出し

扱うプログラムの種類によって、適切な入力方法を選び、文や関数を使ってそれらを実現します。ここでは最も簡単なキーボードからの文字列入力の実現方法を紹介します。

input関数を使おう

input関数を使うと、プログラムがユーザーからの文字列入力を受け付けます。引数に指定したメッセージを画面に表示し、ユーザーから文字列の入力を待ちます。ユーザーが文字列を入力して Enter キーを押すと、その入力した文字列が関数の返り値として返されます。

ここでも、対話モードを使って動きを確認しながら学んでいきましょう。Windowsを使用している方はPowerShellで**python**、macOSを使用している方はターミナル.appで**python3**を実行して対話モードを起動しましょう。

・Windowsの場合

```
> python
```

・macOSの場合

```
% python3
```

もし、説明がわからなかったり、対話モードが起動できなかった場合は第3章を読み返してください。また以降、Windowsに合わせて**python**と表記します。macOSの人は**python3**に読み替えてください。加えて、PowerShell、ターミナル.appを共通して「ターミナル」と表記しますので、それぞれのOSに合わせて読み替えてください。

対話モードを起動して**>>>**と表示されたら、`name = input("あなたの名前は？")`のように書いて実行してみましょう。すると次のように「あなたの名前は？」と聞かれるでしょう。

```
>>> name = input("あなたの名前は？")
あなたの名前は？
```

ここで、何か入力して Enter キーを押すと、変数**name**に入力した文字列値が割り当てられます。

```
>>> name = input("あなたの名前は？")
あなたの名前は？susumuis
>>> name
'susumuis'
```

このことから**input**関数の返り値は入力した文字列になっていることがわかります。

input関数の返り値は文字列型ですので、入力を整数型や浮動小数点数型の値として取得したい場合は**int**関数、**float**関数を使って変換します。

```
>>> age = int(input("あなたの年齢は？"))
あなたの年齢は？20
>>> age
20
>>> weight = float(input("あなたの体重は？"))
あなたの体重は？60.5
>>> weight
60.5
```

出力とは何かを知ろう

処理はあえて後回しとして、先に出力を説明します。出力とはプログラムの外側に結果を出すことです。プログラムからの出力方法はさまざまです。

- 画面に文字列を表示する
- 画面に画像や映像を表示する
- ファイルとして結果を保存する
- ネットワーク上へデータを送る

扱うプログラムの種類によって、適切な出力方法を選び、文や関数を使ってそれらを実現します。ここでは最も簡単な、画面への文字列出力の実現方法を紹介します。

print関数を使おう

print関数を使うと、引数に指定した値を画面に出力します。たとえば、次のように書いて実行すると「こんにちは」と出力されます。

```
>>> print("こんにちは")
こんにちは
```

引数には文字列以外の値を指定することもできます。

```
>>> print(123)
123
```

,に続けて複数の引数を指定すると、指定したすべての値を、間に半角スペースをはさんで順に出力します。

```
>>> print("1 + 1 =", 1 + 1)
1 + 1 = 2
```

入力と出力の間に処理を書こう

入力と出力の間に行うのが処理です。処理の1つとして演算処理があります。

次は、ユーザーから身長と体重を入力し、BMIを出力するプログラムです。

```
>>> height = float(input("身長は何cm？"))
身長は何cm？170
>>> weight = float(input("体重は何kg？"))
体重は何kg？60
>>> bmi = weight / (height / 100) ** 2
>>> print("あなたのBMIは", bmi, "です")
あなたのBMIは 20.761245674740486 です
```

このプログラムでは`bmi = weight / (height / 100) ** 2`の部分が処理の部分に該当します。文としては代入文を使っていますが、プログラムの中では「BMIを計算する」という処理の要素を担っています。

5.2 プログラムの3大制御構造を知ろう

プログラムが入力、処理、出力の3大要素によって構成されることがわかりました。続いて、その3大要素を作り込むために、どのように文を組み立てれば良いか学んでいきましょう。

文は制御構造を使って組み立てます。その制御構造は大きく分けて3種類しかありません。これを**プログラムの3大制御構造**と呼びます。

1つめの制御構造は**順次構造**です。文をひとつひとつ順番に実行していくことです。

2つめの制御構造は**分岐構造**です。条件に基づいて実行する文を分岐させていくことです。

3つめの制御構造は**反復構造**です。同じ処理を指定した回数繰り返すことです。

順次構造、分岐構造、反復構造の3大制御構造を用いれば、あらゆる複雑なプログラムが書けるとされています。次の節から、具体的にそれぞれの制御構造を学んでいきましょう。

5.3 順次構造を作ろう

この節では順次構造について説明します。

プログラムをファイルに書いて実行しよう

順次構造を学ぶにあたって、まずはファイルに書いたプログラムを実行する方法を覚えましょう。

前述のBMIを計算するプログラムは、対話モードを使って作成しました。しかし、このような入力、処理、出力としての一連のプログラムを対話モードで書くのは不便に感じませんでしたか？　たとえば、1行目のプログラムを入力するとすぐに「身長は何cm？」と表示されてしまいました。

対話モードはあくまで文を1つずつ実行し、値を確認するためのものです。一連のプログラムを書くときは、プログラムをファイルに書くのが良いでしょう。プログラムを書いたファイルを作るには、第3章でインストールしたVisual Studio Codeを使います。

まずは、本章のプログラムを書くためのプロジェクトディレクトリを作成しましょう。プロジェクトディレクトリは第3章で作成した**programming/py-practice**ディレクトリに**chapter5**という名前で作成するのが良いでしょう。

一度ターミナルを終了して再度起動し、以下のコマンドを実行して、プロジェクトディレクトリを作成します。

```
> cd ~/programming/py-practice
> mkdir chapter5
```

作成したら**cd**コマンドで移動し、正しく移動できているか**pwd**、**ls**で確認しましょう（以下の例では**pwd**、**ls**の実行結果は省略します）。

```
> cd chapter5
> pwd
> ls
```

もし、ターミナルの使い方やコマンドの意味がわからない場合は第2章を読み返してください。これらの理解があいまいなまま先に進むことはお勧めしません。

次にVisual Studio Codeを起動して、プロジェクトディレクトリ**programming/py-practice/chapter5**を開き、ファイル名を**get_bmi.py**として、次のように記述して保存しましょう。

```
height = float(input("身長は何cm？"))
weight = float(input("体重は何kg？"))
bmi = weight / (height / 100) ** 2
print("あなたのBMIは", bmi, "です")
```

ディレクトリの開き方、ファイルの作り方、保存のしかたがわからない場合は第3章を読み返してください。

ファイルを保存したら、再びターミナルに戻ります。念のため、**pwd**コマンドでカレントディレクトリが**chapter5**であることを確認しましょう。

```
> pwd

Path
----
C:¥Users¥susumuis¥programming¥py-practice¥chapter5
```

カレントディレクトリが**chapter5**であることを確認したら、プログラムのファイルを指定して実行します。Windowsの場合、次のようにコマンドを入力して、**get_bmi.py**を**python**コマンドで実行します。

```
> python get_bmi.py
身長は何cm？170
体重は何kg？60
あなたのBMIは 20.761245674740486 です
```

macOSの場合は、**python**コマンドの代わりに**python3**コマンドを使用してください。結果は同じです。

```
% python3 get_bmi.py
```

以降でファイルを指定して実行する場合、Windowsに合わせて**python**と表記します。macOSの人は**python3**に読み替えてください。

これが、ファイルを指定してプログラムを実行する方法です。以降もファイルを作成して実行するように指示した場合は、同様の操作を行ってください。

文を並べれば順次構造になっていることを知ろう

さて、先ほどのBMIを計算するプログラムを見てください。このプログラムでは4つの文が並べられています。この4つを上から順番に実行しています。このようにプログラムを上から順に実行することを順次処理と呼びます。

文はひとつひとつ順番に実行されます。2つ以上の処理が同時に実行されることはありません。また、下から上に戻ることもありません。必ず、1行目の文の実行が終わってから2行目が実行され、2行目の文の実行が終わってから3行目が実行されます。

このように、順番に実行されることを期待して、実行したい文を並べた構造を順次構造と呼びます。Pythonではファイルに順番に文を記述することによって順次構造を作ることができます。

5.4 分岐構造を作ろう

次に分岐構造について学びましょう。分岐構造とは条件に基づいて実行する文を分ける構造です。日常の生活でも、私たちは分岐構造に触れています。次はその例です。

- 年齢が20歳未満ならお酒の販売を断る(年齢が20歳以上ならお酒の販売を許可する)
- 雨が降っていたら傘を持って行く(雨が降っていなかったら傘は持って行かない)

比較演算子を学ぼう

分岐構造は「~ならば」という条件の部分と、その条件を満たしたときにどうするか(そして、条件を満たさないときにどうするか)を伝える部分で構成されます。

プログラムでも同じです。まずは、条件を表現できなければなりません。条件を表現するためには**比較演算**という演算を使用します。比較演算は2つの値を比較して、両者が等しいのか、異なるのか、どちらが大きいのかを調べる演算です。

比較演算を行うには**比較演算子**を使用します。比較演算には表5.1のようなものがあります。

▼表5.1 比較演算子

演算子	比較内容
==	2つの値が等しい
!=	2つの値が異なっている
<	左が右より小さい
<=	左が右以下である(等しい場合も可)
>	左が右より大きい
>=	左が右以上である(等しい場合も可)

「等しい」ことを表す比較演算子は==とイコールを2個つなげていることに注意してください。これは代入文で使う=と区別するためです。

比較演算が行われるとTrue(真)またはFalse(偽)という値を返します。再び、対話モードを起動して、比較演算子の動きを試してみましょう。

```
> python   ◀ macOSの場合はpython3
>>> 1 < 2
True
>>> 2 < 1
False
>>> 1 <= 1
True
>>> 10 == 10
True
>>> 1.0 == 1
True
>>> 20 > 50
False
```

column　>=や<=を書き間違えないコツ

>=や<=を、=<や=>のように書いてしまうと間違いです。学校では「≧」や「≦」のように習ったのに、プログラミングでは横に並べるのでややこしいですね。筆者も、初学者のころはよく間違えました。

間違えそうになったときは「まず大事なのは大きさ」と覚えるようにしました。実際に<=のように書いたときは、<を満たすことのほうが==を満たすことよりも多いはずです。「イコールはおまけ」と思うことで、間違えないようになりました。

みなさんも「まず大事なのは大きさ」と覚えてください。

ブール型を学ぼう

比較演算の結果として返される値の**True**と**False**は**ブール**(bool)型という型の値です。ブール型の値はブール値、または、真偽を表すため真偽値とも呼びます。

Trueは真を表す値です。真とは「正しい」ということです。たとえば`1 < 2`という式を書いたとき、「1は2よりも小さい」は「真」ですので**True**を返します。

Falseは偽を表す値です。偽とは「正しくない」つまり「ウソ」ということです。たとえば`1 > 2`という式を書いたとき、「1は2よりも大きい」はウソですので「偽」、つまり**False**を返します。

True、**False**を引数にして**type**関数を呼び出してみましょう。

```
>>> type(True)
<class 'bool'>
>>> type(False)
<class 'bool'>
```

if文を使おう

比較演算子、ブール型を知ったことで、いよいよ分岐構造を学ぶことができます。分岐構造を作るためには**if文**という文を使います。本書では式文、代入文に続いて3つめに登場する文の種類ですね。

if文は次のように書きます。

```
if␣条件式:
␣␣␣␣条件を満たすときに実行する文
                :
:
```

条件式とはブール値を返す式です。通常は比較演算子を使います。

if文にはその中に「条件を満たすときに実行する文」という文が含まれています。このように文の中に文を含むことを**複文**といい、Pythonでは文の先頭を半角スペース4文字下げてから書きます。このように字下げをすることを**インデント**と呼びます。

「条件を満たすときに実行する文」はすべてインデントして書き出し位置をそろえます。インデントをやめてif文と同じ高さに戻したとき、if文は終わります。

```
if␣条件式:
␣␣␣␣文
␣␣␣␣文
␣␣␣␣文  ◀ ここまではif文に含まれる文
文  ◀ if文には含まれない文
```

具体的に見ていきましょう。以下は年齢が20歳以上かどうかで出力を切り替えるプログラムです（**check_age1.py**というファイル名で作成します）。

```
age = int(input("あなたの年齢を入れてください : "))
if age >= 20:
    print("タバコが吸えます")
    print("お酒が飲めます")
print("ソフトドリンクが飲めます")
```

さっそくこのプログラムを実行してみましょう。「20」と入力すると次のように出力されます。

```
> python check_age1.py  ◀ macOSの場合はpython3
あなたの年齢を入れてください : 20
```

```
タバコが吸えます
お酒が飲めます
ソフトドリンクが飲めます
```

もう一度プログラムを実行し、今度は「19」と入力すると「タバコが吸えます」「お酒が飲めます」は出力されず「ソフトドリンクが飲めます」のみが出力されます。

```
> python check_age1.py ◀ macOSの場合はpython3
あなたの年齢を入れてください : 19
ソフトドリンクが飲めます
```

このことから、条件式`age >= 20`が`True`のときだけif文の中の文である`print("タバコが吸えます")`、`print("お酒が飲めます")`が実行されていることがわかります。`print("ソフトドリンクが飲めます")`はif文の外の文ですので、条件を満たさなくても実行されます。

条件式にブール値を直接指定してみよう

条件式はブール値を返す式であれば良いので、直接`True`や`False`を指定することもできます。**if_true_false.py**という名前で、次のように書いてみましょう。

```
print("こんにちは")
if True:
    print("Trueです")
if False:
    print("Falseです")
print("さようなら")
```

このプログラムを実行すると次のように出力されます。

```
> python if_true_false.py ◀ macOSの場合はpython3
こんにちは
Trueです
さようなら
```

このことは一見すると実用的でないように思うかもしれません。しかし、ブール値を変数に割り当てて使うことで、実用的なプログラムでも使われるテクニックになります。

is_adult.pyという名前のファイルを作成し、次のように書いてみましょう。

```
age = int(input("あなたの年齢を入れてください : "))
is_adult = age >= 18
if is_adult:
    print("あなたは成人です")
    print("契約ができます")
```

成人かどうかを変数**is_adult**に割り当ててからif文に指定しています。実行すると、次のように入力した年齢で成人かどうかを判定できます。

```
> python is_adult.py  ◀ macOSの場合はpython3
あなたの年齢を入れてください > 18
あなたは成人です
契約ができます
```

if else文を使おう

分岐構造を書いていると、条件を満たすときと条件を満たさないとき、それぞれの処理を書きたくなることがあります。これをif文だけで書くと次のように2回if文を書かなければなりません。

```
if 条件式:
    文
if 反対の条件式:
    文
```

たとえば、飲酒喫煙ができる／できないを分岐するとき、次のように`age >= 20`と、その反対の条件である`age < 20`のif文を書くことになります。

```
age = int(input("あなたの年齢を入れてください : "))
if age >= 20:
    print("タバコが吸えます")
    print("お酒が飲めます")
if age < 20:
    print("タバコは吸えません")
    print("お酒は飲めません")
```

しかし、もっと簡単に書くことができます。**if else文**を使うと、条件を満たすときに実行する文と、条件を満たさないときに実行する文を一度に書くことができます。

if else文は次のように書きます。

紙面版
電脳会議
DENNOUKAIGI
一切無料
今が旬の情報を満載してお送りします！
『電脳会議』は、年6回の不定期刊行情報誌です。
A4判・16頁オールカラーで、弊社発行の新刊・
近刊書籍・雑誌を紹介しています。この『電脳会議』
の特徴は、単なる本の紹介だけでなく、著者と
扁集者が協力し、その本の重点や狙いをわかり
すく説明していることです。現在200号を超
て刊行を続けている、出版界で
刊の情報誌です。

毎号、厳選ブックガイドもついてくる!!
『電脳会議』とは別に、テーマごとにセレクトした優良図書を紹介するブックカタログ（A4判・4頁オールカラー）が同封されます。

る！
購読が
める！

「Gihyo Publishing」
のトップページをご覧ください。

電子書籍をプレゼントしよう！
Gihyo Digital Publishing でお買い求めいただける特定の商
品と引き替えが可能な、ギフトコードをご購入いただけるようにな
りました。おすすめの電子書籍や電子雑誌を贈ってみませんか？

こんなシーンで…
- ご入学のお祝いに
- 新社会人への贈り物に
- イベントやコンテストのプレゼントに ………

◉**ギフトコードとは？** Gihyo Digital Publishing で販売してい
る商品と引き替えできるクーポンコードです。コードと商品は一
対一で結びつけられています。

くわしい**ご利用方法**は、「**Gihyo Digital Publishing**」をご覧ください。

トのインストールが必要となります。
覧を行うことができます。法人・学校での一括購入においても、利用者1人につき1アカウントが必要となり、
への譲渡、共有はすべて著作権法および規約違反です。

電子書籍・雑誌を読んでみよう！

技術評論社　GDP　検索

と検索するか、以下のQRコード・URLへ、
パソコン・スマホから検索してください。

https://gihyo.jp/dp

1. アカウントを登録後、ログインします。
【外部サービス(Google、Facebook、Yahoo!JAPAN)
でもログイン可能】
2. ラインナップは入門書から専門書、
趣味書まで3,500点以上！
3. 購入したい書籍を カート に入れます。

…は「PayPal™」にて決済します。

電脳会議
紙面版
新規送付のお申し込みは…

電脳会議事務局　検索

検索するか、以下の QR コード・URL へ、
パソコン・スマホから検索してください。

https://gihyo.jp/site/inquiry/dennou

一切無料！

「電脳会議」紙面版の送付は送料含め費用は一切無料です。
登録時の個人情報の取扱については、株式会社技術評論社のプライバシーポリシーに準じます。

技術評論社のプライバシーポリシーはこちらを検索。

https://gihyo.jp/site/policy/

技術評論社　電脳会議事務局
〒162-0846　東京都新宿区市谷左内町21-13

```
if␣条件式:
␣␣␣␣条件を満たすときに実行する文
else:
␣␣␣␣条件を満たさないときに実行する文
```

先ほどのプログラムは次のように書くことができます。

```
age = int(input("あなたの年齢を入れてください : "))
if age >= 20:
    print("タバコが吸えます")
    print("お酒が飲めます")
else:
    print("タバコは吸えません")
    print("お酒は飲めません")
```

このプログラムを**check_age2.py**というファイル名で作成し、実行してみましょう。20以上の数を入力すると「タバコが吸えます」「お酒が飲めます」と出力されます。

```
> python check_age2.py    ◀ macOSの場合はpython3
あなたの年齢を入れてください : 21
タバコが吸えます
お酒が飲めます
```

もう一度プログラムを実行し、19以下の数を入力すると、「タバコは吸えません」「お酒は飲めません」と出力されます。

```
> python check_age2.py    ◀ macOSの場合はpython3
あなたの年齢を入れてください : 18
タバコは吸えません
お酒は飲めません
```

if elif else文を使おう

条件が成り立つか成り立たないかの2つだけではなく、3つ、4つと処理を分けていきたい場合もあるでしょう。そんな場合は、**if**と**else**の間に**elif条件式**を加えたif elif else文を使用します。

```
if␣条件式①:
␣␣␣␣条件式①がTrueのときに実行する文
elif␣条件式②:
␣␣␣␣条件式①がFalseで、条件式②がTrueのときに実行する文
else:
```

```
␣␣␣␣条件式①、条件式②がともにFalseのときに実行する文
```

check_age3.pyを作成し、以下のように書いてみましょう。

```
age = int(input("あなたの年齢を入れてください : "))

if age >= 20:
    print("成人で、お酒が飲めます")
elif age >= 18:
    print("成人ですが、まだお酒は飲めません")
else:
    print("未成年で、お酒は飲めません")
```

実行して年齢を入力すると、「成人で、お酒が飲めます」「成人ですが、まだお酒は飲めません」「未成年で、お酒は飲めません」のいずれかが出力されます。

```
> python check_age3.py  ◀ macOSの場合はpython3
あなたの年齢を入れてください : 18
成人ですが、まだお酒は飲めません
```

elifを2つ以上書いて分岐を増やすこともできます。

また、最後のelse文とそれに続く文は省略することもできます。その場合は、ifやelifのあとに書かれたどの条件も満たさないときは何も実行されません。

以降はif文、if else文、if elif else文をまとめて、単にif文と呼びます。

5.5 反復構造を作ろう

最後に、反復構造を学びましょう。反復とは繰り返しのことです。

リスト型を学ぼう

反復を行ううえで重要になるのが**リスト**と呼ばれる値です。リストは複数の値を並べた値です。リストを式で表すときは角カッコ**[**と**]**の中にカンマ**,**で区切られた値を並べて書きます。リストの中に含まれる値のことを要素と呼びます。

リストについて学ぶため、再び対話モードを起動しましょう。次は**1**、**2**、**3**という3つの整数値

を要素として含むリストを表す式です。

```
>>> [1, 3, 5]
[1, 3, 5]
```

この**[1, 3, 5]**を引数にして**type**関数を呼び出すと「**<class 'list'>**」と出力されます。

```
>>> type([1, 3, 5])
<class 'list'>
```

リスト型の値を引数にして**len**関数を呼び出すと、引数に指定したリストの要素数を返します。

```
>>> len([1, 3, 5])
3
```

リスト型の値を引数にして**print**関数を呼び出すと、リストの内容を出力します。

```
>>> print([1, 3, 5])
[1, 3, 5]
```

リストの要素にできる値は整数型に限りません。次は文字列値を要素に持つリストです。

```
>>> ["susumuis", "nao_y"]
['susumuis', 'nao_y']
```

リストも値ですので代入文で変数に割り当てることができます。

```
>>> names = ["susumuis", "nao_y"]
>>> names
['susumuis', 'nao_y']
```

for文を使おう

for文を使うことで、リストの要素を使った反復構造を作ることができます。for文も複文の一種で、次のように書きます。

```
for␣変数名␣in␣リストを返す式:
␣␣␣␣反復実行する文
␣␣␣␣:
```

for文は、リストの中の要素を先頭から順番に、変数名として指定した変数に割り当てながら文を実行します。たとえば、以下のように**hello_list.py**という名前のプログラムを作成してみましょう。

```
for name in ["太郎", "次郎", "三郎", "花子"]:
    print("こんにちは" + name + "さん!")
```

このプログラムを実行すると、次のような結果になります。

```
> python hello_list.py  ◀ macOSの場合はpython3
こんにちは太郎さん!
こんにちは次郎さん!
こんにちは三郎さん!
こんにちは花子さん!
```

for文を使うメリットは、リストの中の要素がどんなに多くなっても繰り返す文を一度書けば済むということです。

```
for name in ["太郎", "次郎", "三郎", "花子", "四郎", "五郎", "雪子", "里子", "洋子"]:
    print("こんにちは" + name + "さん!")
```

range関数を使おう

続いて、for文を使って、1から10まで繰り返すことを考えましょう。簡単に考えられるのは次のように書くことです。

```
for i in [1, 2, 3, 4, 5, 6, 7, 8, 9, 10]:
    print("こんにちは" + i + "郎さん!")
```

1から10までの数字を書いていくのは少し面倒ですね。10までなら良いですが、もし100までだったら大変です。そこで便利なのが**range**関数です。

range関数をfor文のリスト式の部分に使うと、0から引数に指定した数の1つ前までを繰り返すようになります（詳しくはコラム「プログラマーはなぜ0から数を数えるのか？」をご覧ください）。

hello_range.pyという名前で以下のプログラムを書いてみてください。

```
for i in range(10):
    print("こんにちは" + str(i) + "郎さん!")
```

これを実行すると次のようになります。

```
> python hello_range.py  ← macOSの場合はpython3
こんにちは0郎さん!
こんにちは1郎さん!
こんにちは2郎さん!
こんにちは3郎さん!
こんにちは4郎さん!
こんにちは5郎さん!
こんにちは6郎さん!
こんにちは7郎さん!
こんにちは8郎さん!
こんにちは9郎さん!
```

これでは「0郎」さんから始まってしまって変ですね。もし1から繰り返しを開始したい場合、**range**関数の引数を2つにし、1つめには**1**を指定します。2つめの引数には同じく、繰り返しを終わりたい数値**+1**を指定します。つまり、1から10まで繰り返したい場合は次のように書くのが正解です。

```
for i in range(1, 11):
    print("こんにちは" + str(i) + "郎さん!")
```

column　プログラマーはなぜ0から数を数えるのか?

range関数のように、10を指定すると0から9を意味するというように、プログラミングでは数を0から数える習慣があります。自然に1から数えれば良いのに、なぜわざわざ0から数えるのでしょうか？　それはコンピュータとの親和性が良いからです。

コンピュータは数を2進数で扱います、2進数で1桁を扱うには1ビット（bit）と呼ばれるメモリを必要とします。1ビットでは0または1を表すことができます。2ビットでは00、01、10、11を表すことができ、これを私たちがなじんでいる10進数に直すと0、1、2、3となります。0、1、2、3で4つの数字です。

このように0という数字はコンピュータで表す始まりの数として、コンピュータとの親和性があります。0を入れて数えるので、数えた数の個数より1つ低い数が最大値となるのです。私たちの日常生活では数を数えるときに「0、1、2、3だから4つ！」のように数えたりはしないでしょう。そのため、最初は数を0から数えるのに戸惑ってもしかたありません。しかし、プログラミングの世界では0から数えることが多いので、徐々に慣れていきましょう。

発展

range関数は何を返すのか

range(10)を対話モードで評価すると以下のように出力されます。

```
>>> range(10)
range(0, 10)
```

さらに、この値をtype関数で調べてみると「<class 'range'>」と表示されます。

```
>>> type(range(10))
<class 'range'>
```

このことから、range関数が返す値はリストではないことがわかります。

このrange型は、整数の集まりを示す型です。range関数の引数に整数値を指定して呼び出すと、0から引数に指定した値の1つ前の数までの連続した数の集まりを返します。どのような値の集まりを意味しているかは、range型の値を引数にしてlist関数を呼び出すことで調べることができます。

```
>>> list(range(10))
[0, 1, 2, 3, 4, 5, 6, 7, 8, 9]
```

このリストをfor文に指定すると、先ほどのプログラムと同じ結果になります。

このように、for文にはリスト以外の値を指定することもでき、どのような値が反復されるかは、list関数を使用すれば調べることができます。

なおrange関数は引数を1つだけでなく、2つまたは3つ指定して複雑な数の集まりを返すこともできます。

引数を2つ渡すと、開始する値を指定できます。

```
>>> list(range(1, 5))
[1, 2, 3, 4]
```

引数を3つ渡すと、数列の間隔を指定できます。

```
>>> list(range(10, 0, -1))
[10, 9, 8, 7, 6, 5, 4, 3, 2, 1]
```

詳しくは公式ドキュメント注4.Aに書かれているので、興味があれば読んでみましょう。

注4.A) https://docs.python.org/ja/3/library/stdtypes.html#ranges

while文を使おう

for文のほかにも、反復構造に使える文があります。それが**while文**です。

while文は次のように書きます。

```
while␣条件式:
␣␣␣␣文
␣␣␣␣:
```

このように書くと、条件式が**True**を返す間、中の文を繰り返します。

while_yusha.pyという名前で次のプログラムを書いてみてください。

```
answer = input("勇者よ魔王を倒しにいってくれるか？")
while answer != "はい":
    answer = input("よく聞こえなかったぞ。勇者よ魔王を倒しにいってくれるか？")
print("おお勇者よ！無事魔王を倒して帰ってくるのじゃ！")
```

これは「勇者よ魔王を倒しにいってくれるか？」と聞かれたときに「はい」と答えるまでずっと質問し続けるプログラムです。

```
> python while_yusha.py  ◀ macOSの場合は python3
勇者よ魔王を倒しにいってくれるか？いいえ
よく聞こえなかったぞ。勇者よ魔王を倒しにいってくれるか？やだ
よく聞こえなかったぞ。勇者よ魔王を倒しにいってくれるか？はい
おお勇者よ！無事魔王を倒して帰ってくるのじゃ！
```

while文を使うことで、for文では作りづらい反復構造を作ることができます。

無限ループに注意しよう

while文を使うときは**無限ループ**に注意する必要があります。

無限ループとは、while文の条件式が`True`を返し続けることによって、永遠に反復し続けることです。

たとえば、次のようなプログラムを書いてしまうと無限ループが発生します。

```
i = 1
j = 1
while j < 10:
    print(i)
    i = i + 1
```

実行すると、1、2、3、4……と数が増えながら出力されて処理が止まらなくなるでしょう。無限ループが発生してしまったときは[Ctrl]キーを押しながら[C]キー（macOSの場合は[control]キーを押しながら[C]キー）を押すことでプログラムを強制終了できるので、焦ることはありません。

プログラムをよく見て間違いを修正しましょう。上記のプログラムでは条件式が間違っていました。次のように直せば無限ループしなくなります。

```
i = 1
j = 1
while i < 10:
    print(i)
    i = i + 1
```

途中でループから抜けるbreak文を使おう

時には、ループの先頭で反復条件を判定したくないときがあります。そんなときに便利なのが**break文**です。

break文は単に`break`と書くだけです。break文を使うと、現在実行しているfor文やwhile文を強制的に抜けて次の文を実行します。

break文はよく`while True:`とともに使用されます。`while True:`はそのままでは無限ループになってしまいますが、別途break文を含めたif文を中に追加することで、好きな箇所で反復を終わらせることができます。

`while_kagami.py`という名前で次のプログラムを書いてみてください。

```
while True:
    answer = input("鏡よ鏡、世界で一番美しいのはこの私ですか？")
    if answer == "はい":
        break
    print("なんだ、良く聞こえなかったぞ。")
print("オホホホホホホホホホ！！！")
```

実行すると「はい」と入力するまで質問し続けます。

```
> python while_kagami.py  ← macOSの場合はpython3
鏡よ鏡、世界で一番美しいのはこの私ですか？いいえ
なんだ、よく聞こえなかったぞ。
鏡よ鏡、世界で一番美しいのはこの私ですか？わからない
なんだ、よく聞こえなかったぞ。
鏡よ鏡、世界で一番美しいのはこの私ですか？はい
オホホホホホホホホホ！！！
```

`while True:`とbreak文をうまく使うことでプログラムを短く書くことができます。先ほどの**while_yusha.py**では**input**関数を呼び出す文を2行書く必要がありましたが、**while_kagami.py**では1行で済んでいます。

5.6 プログラムの構造を組み立てよう

ここまでに、プログラムの3大要素と3大制御構造を学びました。プログラムは突き詰めれば、この3大要素と3大制御構造を組み合わせて作るものです。ここからは、これらを使ってどのようにプログラムを作るかを学びましょう。

例題として「FizzBuzz」というプログラムを作る例を考えます。FizzBuzzとは次の決まりに従って数を数える遊びです。

- 最初は「1」を言う
- 以降は前の数字に1を足した数字を言う
- ただし、3の倍数の場合は「Fizz」、5の倍数の場合は「Buzz」、3の倍数かつ5の倍数の場合は「Fizz Buzz」を数の代わりに言う

このFizzBuzzの決まりに従って数を数えるプログラム**fizzbuzz.py**を作ることを考えます。

```
> python fizzbuzz.py  ◀ macOSの場合はpython3
何番目まで数えますか？15
1
2
Fizz
4
Buzz
Fizz
7
8
Fizz
Buzz
11
Fizz
13
14
FizzBuzz
```

何を繰り返すかを考えて、反復構造を作ろう

まず、これから書くプログラムは何を繰り返すかを考えます。

私たちがプログラムを作りたいと思っているときは何らかの繰り返しをしたいと思っているものです。今回のFizzBuzzの場合は数を数えることを繰り返しています注5.1。

繰り返すことを見つけたら、それを反復構造にします。数を繰り返す反復構造はfor文で書けます。つまり、プログラムは次のようになるでしょう。

```
for number in 1から指定した数まで:
    文
    :
```

この段階では「1から指定した数まで」「文」という部分は日本語でそのまま書いておいても良いです。これは未完成のプログラムですのでそのままでは動きませんが、あとで正しいプログラムに直していきます。

条件分岐を見つけて分岐構造を作ろう

次に、これから作るプログラムにはどんな条件分岐があるかを考えてみましょう。

今回は、3の倍数の場合は「Fizz」、5の倍数の場合は「Buzz」、3の倍数かつ5の倍数の場合は「Fizz

注5.1）本章で紹介したBMI計算プログラムのように、まったく繰り返しがないプログラムもあります。その場合は単に「繰り返しがないプログラム」として次に進みます。

Buzz」というのが条件分岐にあたります注5.2。

ある数の倍数であるかどうかは、その数で割ったときの余りが0であるかを調べることで判定できます。よって、変数**number**に現在の数字が割り当てられているとき、FizzBuzzの分岐構造を次のように書くことができます。

```
if number % 15 == 0:
    FizzBuzzと表示する文
elif number % 5 == 0:
    Buzzと表示する文
elif number % 3 == 0:
    Fizzと表示する文
else:
    数字を表示する文
```

先ほどと同様に「FizzBuzzと表示する文」「Buzzと表示する文」「Fizzと表示する文」「数字を表示する文」の部分はそのまま日本語を書きます。もちろんこれは未完成のプログラムですので動きませんが、大丈夫です。

入力・処理・出力を考える

前項、前々項の、分岐構造、反復構造を組み合わせると次のようになります。

```
for number in 1から指定した数まで:
    if number % 15 == 0:
        FizzBuzzと表示する文
    elif number % 5 == 0:
        Buzzと表示する文
    elif number % 3 == 0:
        Fizzと表示する文
    else:
        数字を表示する文
```

これがFizzBuzzプログラムの構造です。プログラムの構造ができたら、残りの入力・処理・出力を当てはめます。

今回は何番目まで繰り返すかを指定する必要があるので「何番目まで数えますか？」という質問が入力として必要ですね。これは**input**関数によって実現できます。入力した値は文字列ではなく、整数値として扱いたいため**int**関数を組み合わせましょう。

```
max_number = int(input("何番目まで数えますか？"))
```

注5.2）本章で紹介したBMI計算プログラムのようにまったく条件分岐がないプログラムもあります。その場合は単に「条件分岐がないプログラム」として次に進みます。

何番目まで数えるかを入力できれば、構造の中の「1から指定した数まで」の部分は`range`関数を使って`range(1, max_number + 1)`と書くことができます注5.3。

そして「FizzBuzzと表示する」「Buzzと表示する」「Fizzと表示する」「数字を表示する」という出力が必要です。これらは`print`関数によって実現できます。

```
print("FizzBuzz")
print("Buzz")
print("Buzz")
print(number)
```

最後に処理を書く必要があります。FizzBuzzでは構造の中ですでに処理が満たされているため、特別に処理のための文を書く必要がありません。

本章で紹介したBMI計算プログラムの場合は「BMIを計算する」という処理のために、次の代入文を書く必要がありました。

```
bmi = weight / (height / 100) ** 2
```

構造の中に文を当てはめよう

あとは、構造の中に入力・処理・出力の文を当てはめればプログラムが完成します。

```
max_number = int(input("何番目まで数えますか？"))

for number in range(1, max_number + 1):
    if number % 15 == 0:
        print("FizzBuzz")
    elif number % 5 == 0:
        print("Buzz")
    elif number % 3 == 0:
        print("Buzz")
    else:
        print(number)
```

このように、3大制御構造をもとにプログラムの構造を作り、入出力を実現する文を当てはめることで、プログラムを組み立てることができます。

注5.3）`+1`が必要なのは`range`関数の2番めの引数は繰り返す最大値+1を指定することになっているためです。

5.7 プログラムの組み立て方がわかった次のステップ

「プログラムの3大制御構造を使って構造を作り、入力・処理・出力を当てはめることでプログラムを組み立てる」それはどんな大きなプログラムでも同じです。突き詰めれば3大要素と3大制御構造の集まりです。これがプログラムの組み立て方の大原則なのです。

まずは小さなプログラムから始めて、徐々に大きな構造を書けるようになっていきましょう。そして、単にif文やfor文といった個別の文法を覚えるのではなく、分岐構造、反復構造といった構造を意識しながらプログラムを組み立ててみましょう。もし、どのように組み立てたら良いかわからなくなったら、もう一度この章を読み返しましょう。

プログラムの構造の書き方がわかってきたら、あとはいろいろな機能を実現する関数の呼び出し方を覚えるだけで、実用的なプログラムを書けるようになります。次の章では、いよいよ実用的なプログラムの作り方を学びます。

練習

次のルールに基づくプログラム「数当てゲーム」kazuate.pyを作ろうとしています。

- 答えは常に234とする
- 「私の思った答えを当ててください:」と表示する。
- プレーヤーは何か数字を入力する(数字以外を入力した場合はエラーで終了して良い)
- プレーヤーが入力した数字が答えに一致していたら「正解」と表示してプログラムを終了する
- プレーヤーが入力した数字が答えより小さければ「もっと大きい」と表示する
- プレーヤーが入力した数字が答えより大きければ「もっと小さい」と表示する
- プレーヤーが入力した数字が答えに一致していない場合は、再び「私の思った答えを当ててください>」と表示し、以下繰り返す

以下の質問に順に答えてください。

❶ このプログラムにはどんな繰り返しがありますか?
❷ その繰り返しはどのような反復構造を書けば良いですか?
❸ このプログラムにはどんな条件分岐がありますか?
❹ その条件分岐はどのような分岐構造を書けば良いですか?
❺ このプログラムにはどんな入力・処理・出力がありますか?
❻ それらはどのような文を書けば良いですか?

❼ プログラムを完成させてみましょう。

[解答]

(1) プレイヤーが入力した答えが答えに一致していない間「私の思った答えを当ててください>」という表示を繰り返す

(2)

```
while True:  ◀不正解の間は無限に繰り返す
    文
    :
    if 正解:
        break  ◀反復構造を抜ける
    文
    :
```

(3)

- 正解（反復を抜ける）
- 入力値が正解より小さい
- 入力値が正解より大きい

(4)

```
if player_answer == answer:
    正解と表示する
    反復構造を抜ける

if player_answer < answer:
    もっと大きいと表示する文
else:
    もっと小さいと表示する文
```

(5)

- 「私の思った答えを当ててください:」と表示してプレーヤーから数字を入力する
- 正解と表示する
- もっと大きいと表示する
- もっと小さいと表示する

(6)

```
player_answer = int(input("私の思った答えを当ててください : "))
print("正解")
print("もっと大きい")
print("もっと小さい")
```

(7)

```
answer = 234

while True:
```

```
    player_answer = int(input("私の思った答えを当ててください : "))

    if player_answer == answer:
        print("正解")
        break

    if player_answer < answer:
        print("もっと大きい")
    else:
        print("もっと小さい")
```

第6章 練習から実用の壁 プログラミングでできることを増やそう

この章では、プログラミング学習第6の壁：練習から実用の壁（実用的なプログラムが作れない）を乗り越えます。プログラミング学習ではif文やfor文のような文法や、printやinputなどの関数を覚えていきます。本書でも第5章までに一通りの文法を勉強し、FizzBuzzを例に文の組み立て方を学びました。しかし、FizzBuzzなどはけっして実用的なプログラムとは言えないでしょう。実用的なプログラムを作るためにはプログラミングでできることを増やさなければなりません。そこで、本章ではここまでに説明した文法の知識をベースとして、プログラミングでできることを増やす方法を学びましょう。

6.1 モジュールからさまざまな機能の関数を呼び出そう

プログラミングによってできることを増やすには、より多くの関数を使いこなせるようになることが必要です。関数は呼び出すことで何かの機能を得るしくみです（詳しくは第4章を参照してください）。さまざまな関数を知り、使い方を覚えることでプログラミングによってできることはどんどん増えていきます。

では、どうすれば関数の使い方を知ることができるのでしょうか。その答えはライブラリを見つけて、そのドキュメントを読むことです。

ライブラリと標準ライブラリ

プログラミング言語で使える関数などの機能を集めたものを**ライブラリ**と呼びます。たとえば、科学計算をするためのライブラリや、Webアプリケーションを作るためのライブラリがあります。

通常、ライブラリを使うためにはプログラミング言語処理系に加えてそのライブラリをインストールする必要があります。しかし、一般的に広く使われる関数を含めたライブラリははじめからプログラミング言語処理系と一緒にインストールされています。そのようなライブラリを**標準ライブラリ**と呼びます。

標準ライブラリのドキュメントを読もう

ライブラリには必ず、関数の呼び出し方などを説明した文書が提供されています。これを**ドキュメント**や**リファレンス**と呼びます。Pythonの場合は以下のURLで標準ライブラリのドキュメントが提供されています。

https://docs.python.org/ja/3/library/index.html

はじめて見ると、驚くほど多くの項目が並んでいてびっくりすることでしょう（図6.1）。

▼ 図6.1　Pythonの標準ライブラリのドキュメントページ

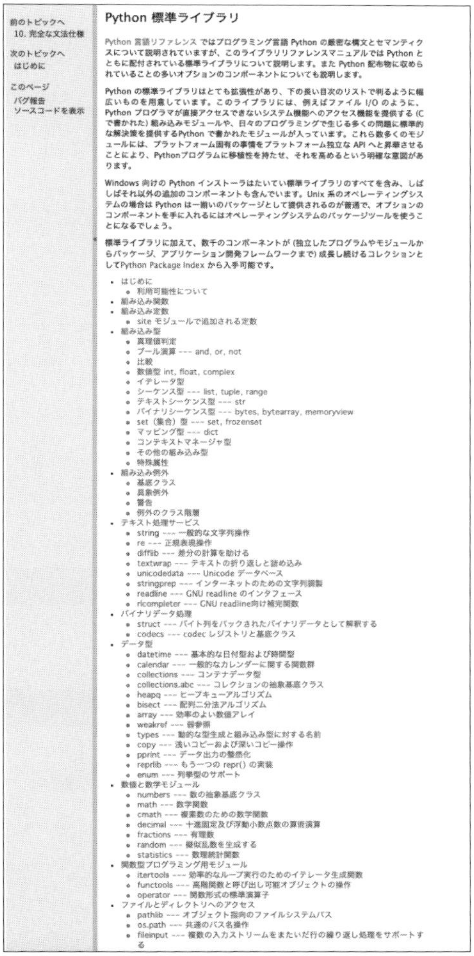

前のトピックへ
10. 完全な文法仕様
次のトピックへ
はじめに
このページ
バグ報告
ソースコードを表示

Python 標準ライブラリ

Python 言語リファレンス ではプログラミング言語 Python の厳密な構文とセマンティクスについて説明されていますが、このライブラリリファレンスマニュアルでは Python とともに配付されている標準ライブラリについて説明します。また Python 配布物に収められていることの多いオプションのコンポーネントについても説明します。

Python の標準ライブラリはとても拡張性があり、下の長い目次のリストで判るように幅広いものを用意しています。このライブラリには、例えばファイル I/O のように、Python プログラマが直接アクセスできないシステム機能へのアクセス機能を提供する (C で書かれた) 組み込みモジュールや、日々のプログラミングで生じる多くの問題に標準的な解決策を提供するPython で書かれたモジュールが入っています。これら数多くのモジュールには、プラットフォーム固有の事情をプラットフォーム独立な API へと昇華させることにより、Pythonプログラムに移植性を持たせ、それを高めるという明確な意図があります。

Windows 向けの Python インストーラはたいてい標準ライブラリのすべてを含み、しばしばそれ以外の追加のコンポーネントも含んでいます。Unix 系のオペレーティングシステムの場合は Python は一揃いのパッケージとして提供されるのが普通で、オプションのコンポーネントを手に入れるにはオペレーティングシステムのパッケージツールを使うことになるでしょう。

標準ライブラリに加えて、数千のコンポーネントが (独立したプログラムやモジュールからパッケージ、アプリケーション開発フレームワークまで) 成長し続けるコレクションとしてPython Package Index から入手可能です。

- はじめに
  - 利用可能性について
- 組み込み関数
- 組み込み定数
  - site モジュールで追加される定数
- 組み込み型
  - 真理値判定
  - ブール演算 --- and, or, not
  - 比較
  - 数値型 int, float, complex
  - イテレータ型
  - シーケンス型 --- list, tuple, range
  - テキストシーケンス型 --- str
  - バイナリシーケンス型 --- bytes, bytearray, memoryview
  - set（集合）型 --- set, frozenset
  - マッピング型 --- dict
  - コンテキストマネージャ型
  - その他の組み込み型
  - 特殊属性
- 組み込み例外
  - 基底クラス
  - 具象例外
  - 警告
  - 例外のクラス階層
- テキスト処理サービス
  - string --- 一般的な文字列操作
  - re --- 正規表現操作
  - difflib --- 差分の計算を助ける
  - textwrap --- テキストの折り返しと詰め込み
  - unicodedata --- Unicode データベース
  - stringprep --- インターネットのための文字列調製
  - readline --- GNU readline のインタフェース
  - rlcompleter --- GNU readline向け補完関数
- バイナリデータ処理
  - struct --- バイト列をパックされたバイナリデータとして解釈する
  - codecs --- codec レジストリと基底クラス
- データ型
  - datetime --- 基本的な日付型および時間型
  - calendar --- 一般的なカレンダーに関する関数群
  - collections --- コンテナデータ型
  - collections.abc --- コレクションの抽象基底クラス
  - heapq --- ヒープキューアルゴリズム
  - bisect --- 配列二分法アルゴリズム
  - array --- 効率のよい数値アレイ
  - weakref --- 弱参照
  - types --- 動的な型生成と組み込み型に対する名前
  - copy --- 浅いコピーおよび深いコピー操作
  - pprint --- データ出力の整然化
  - reprlib --- もう一つの repr() の実装
  - enum --- 列挙型のサポート
- 数値と数学モジュール
  - numbers --- 数の抽象基底クラス
  - math --- 数学関数
  - cmath --- 複素数のための数学関数
  - decimal --- 十進固定及び浮動小数点数の算術演算
  - fractions --- 有理数
  - random --- 擬似乱数を生成する
  - statistics --- 数理統計関数
- 関数型プログラミング用モジュール
  - itertools --- 効率的なループ実行のためのイテレータ生成関数
  - functools --- 高階関数と呼び出し可能オブジェクトの操作
  - operator --- 関数形式の標準演算子
- ファイルとディレクトリへのアクセス
  - pathlib --- オブジェクト指向のファイルシステムパス
  - os.path --- 共通のパス名操作
  - fileinput --- 複数の入力ストリームをまたいだ行の繰り返し処理をサポートする

でも大丈夫です！　これらすべてを覚える必要はありません。大事なのは、ここに標準ライブラリのすべての機能が網羅されているということです。あとは、書籍やインターネット上の情報、IT勉強会、先輩からのアドバイスを通じてどんなものがお勧めなのか徐々に学んでいけるでしょう。

import文を使ってモジュールを呼び出そう

せっかくですので、標準ライブラリからいくつかの機能を使ってみましょう。Pythonのライブラリは、機能を**モジュール**と呼ばれる単位でまとめています。
たとえば、次のようなモジュールがあります。

- **string**：一般的な文字列操作
- **datetime**：日付と時刻を扱う機能
- **pathlib**：ファイルとディレクトリのパスを扱う機能
- **random**：疑似乱数の生成
- **email**：電子メールの処理

この中から必要な関数や型を取り出して使うには、**import文**という文を使います。import文は次のように書きます。

```
from モジュール名 import 名前
```

さっそく、いくつかのモジュールから機能をインポートしてみましょう。いつものようにターミナルを開き、**python**コマンドで対話モードを立ち上げてください（第3章参照）。

・Windowsの場合（PowerShell）

```
> python
```

・macOSの場合（ターミナル.app）

```
% python3
```

以降は**python**と表記するのでmacOSを使っている方は**python3**に読み替えてください。対話モードを起動して**>>>**と表示されていることを確認したら次の項に進みましょう。

datetimeモジュール

datetimeモジュールは日付や時刻を扱うモジュールです。

datetimeモジュールをインポートすることによって、日付時刻を扱う**datetime**型と、日付のみを扱う**date**型、時刻のみを扱う**time**型が使えるようになります。

たとえば、「2023年1月2日12時25分00秒」という日時を扱いたい場合、次のように書きます。

```
>>> from datetime import datetime
>>> datetime(2023, 1, 2, 12, 25, 0)
datetime.datetime(2023, 1, 2, 12, 25)
```

`from datetime import datetime`がimport文です。ここでは**datetime**モジュールから**datetime**関数をインポートしています。インポートは一度行えば記憶され続けるので、対話モードを終了するまでの間二度行う必要はありません。

datetime関数の引数に、年、月、日、時、分、秒を渡すと**datetime.datetime**型(以降**datetime**型と表記します)という型の値を返します。**type**関数で確かめてみてください。

```
>>> type(datetime(2023, 1, 2, 12, 25, 0))
<class 'datetime.datetime'>
```

属性

datetime型のような型の値では**.**でつなげてその値に属する情報を取得できます。たとえば、**.year**で年、**.month**で月、**.day**で日を取得できます。

```
>>> datetime(2023, 1, 2, 12, 25, 0).year
2023
```

このように、**.**に続けて書ける名前のことを**属性**と呼びます。

毎回**datetime**関数を呼び出すのは面倒ですので、属性にアクセスするときは、変数に割り当ててから使うことが多いでしょう。

```
>>> my_date = datetime(2023, 1, 2, 12, 25, 0)
>>> my_date.month
```

```
1
>>> my_date.day
2
```

メソッド

属性の中には、関数のように()をつけて呼べるものがあります。

たとえば、datetime型の値に対して.strftimeという属性に()をつけて、引数に"%Y年%m月%d日"のような文字列を渡して呼び出すと、日付を任意の形式の文字列にフォーマットします（strftimeメソッドの詳しい使い方は章の後半で説明します）。

```
>>> my_date.strftime("%Y年%m月%d日")
'2023年01月02日'
```

このように、関数のように呼び出せる属性のことをメソッドと呼びます。

メソッドは型自体が持っていることもあります。たとえば、datetime型に対して使えるnowというメソッドを呼び出すと現在日時を表すdatetime型の値を返します。

```
>>> datetime.now()
datetime.datetime(2022, 7, 24, 15, 48, 52, 209492)
```

現在日時ですので、結果はみなさんの手元でそれぞれ違う値になっているはずです。

randomモジュール

次は、疑似乱数を発生させるrandomモジュールを使ってみましょう。疑似乱数とは疑似的にバラバラな数の並びを作り出す機能です。

疑似的と言っているのは、コンピュータを使う以上、何らかの数式に基づいて行われるので完全な乱数は作れないからです。しかし、日常用途のほとんどの場合、その法則性がわからないほどバラバラな乱数をrandomモジュールで生成できます。

randint関数は、引数に指定した2つの整数(a, b)に対してa≦N≦bであるようなランダムな整数Nを返します。以下のコードでは1から100までの間でランダムな数を返しています。

```
>>> from random import randint
>>> randint(1, 100)
74
>>> randint(1, 100)
5
>>> randint(1, 100)
55
>>> randint(1, 100)
62
>>> randint(1, 100)
74
```

このように実行するごとにバラバラな結果を返します。

この**randint**を使えば、第5章の練習問題「数当てゲーム」の答えをランダムにできます。第5章から続けて読んでいる方は、ぜひやってみましょう！

choice関数は指定したリストからランダムに1つを選びます。

```
>>> from random import choice
>>> choice(["いか", "たこ", "トロ"])
'いか'
```

randomモジュールにはほかにも、乱数関係の関数が多数含まれています。興味があれば、公式ドキュメントをチェックしてみましょう。

column 必要なライブラリの情報にどのようにたどり着くのか

プログラマーは膨大な標準ライブラリや、そのほかのライブラリの存在をどのように探しているのでしょうか？　熟練したプログラマーであっても、すべてのライブラリの使い方を知っているわけではありません。プログラムを作るときは「○○するにはどうしたらいいか」という方法を調べるところから始めます。次のような手段で知ることが一般的でしょう。

(1) インターネットで検索して調べる

一番よく行われるのが「Python ファイル名 変更」といったキーワードでインターネットを検索することです。多くの先人たちがブログや技術記事を書いてくれているので、一般的なプログラミングテクニックであればそれで見つかるでしょう。

ただし、この方法は注意が必要です。検索して得られた答えが正しいという保証がないからです。インターネットは誰でも発信できるため、誤った情報が記載されていることもあります。そこで、検索でヒントを得たあと、公式ドキュメントで裏を取るのが良いです。

(2) 公式ドキュメントを読んでみる

本文中で紹介したようにPythonの標準ライブラリにはドキュメントが公開されています。そのほかのライブラリも必ず公式サイトと公式ドキュメント、公式チュートリアルが用意されていることが一般的です。

公式ドキュメントは言葉が固かったり、英語が翻訳されていなかったり、初学者にはとっつきにくいことは否めません。しかし、第三者のブログなど非公式な情報と比較して、網羅的ではるかに信頼性が高い情報を得ることができます。公式ドキュメントを読み解ける能力こそプロのプログラマーに必須の能力です。はじめは難しいと感じると思いますが、少しずつ慣れていきましょう。

(3) 過去に書いたプログラムを参考にする

日頃からプログラミングをしていること自体が、次のプログラミングの準備になります。たとえば、以前のプログラムでdatetimeモジュールを使ったことがあれば、次のプログラムを書くときにそのプログラムを参考にして書くことができるでしょう。つまり、普段からどんどんプログラムを書きためていれば、新たにプログラムを作るときすばやく作れるようになります。

ただし、古いプログラムを参考にするのみでは、技術の進歩に遅れるという落とし穴があります。プログラミング言語やライブラリは日々改良され、以前よりも良い書き方が日々生まれています。そのため、時々最新の情報を調べることもプログラマーには欠かせません。

(4) 日頃から情報に対するアンテナを強くする

技術は常に進歩し続けるので、旬な情報は貴重です。Web検索で得られるブログなどの情報は、過去に誰かが調べた結果であるため、わずかに古い場合があります。また、公式ドキュメントは網羅的である一方で、今流行りの最適な習慣(ベストプラクティス)が何かはわかりません。

最新の旬な情報は仲間のプログラマーから得られることが多いです。プログラミング関連の雑誌を購読したり、尊敬する先輩のブログを追いかけたりするといった方法で、情報に対するアンテナを強く張っておくと、新しい技術へのキャッチアップもしやすくなります。また、勉強会で出会った人とTwitterでつながって、自らも学んだことを発信にしたり相互に情報をやりとりしたりすることで、よりリアルタイムに最新技術と触れ合えるようになるでしょう。

雑誌の購読や勉強会への参加については第10章で詳しく説明します。

6.2 プログラムで複数のファイルの名前をまとめて変更しよう

それでは、標準ライブラリを使って実際に使えるプログラムを作ってみましょう。まずはファイルのリネームプログラムです。

想定のシナリオ

たとえば、次のような状況をイメージしてください。

あなたは猫の画像と犬の画像を複数持っているとします。それぞれ**dog**、**cat**という別々のディレクトリに画像を格納していました（図6.2、6.3）。

▼図6.2　dogディレクトリ

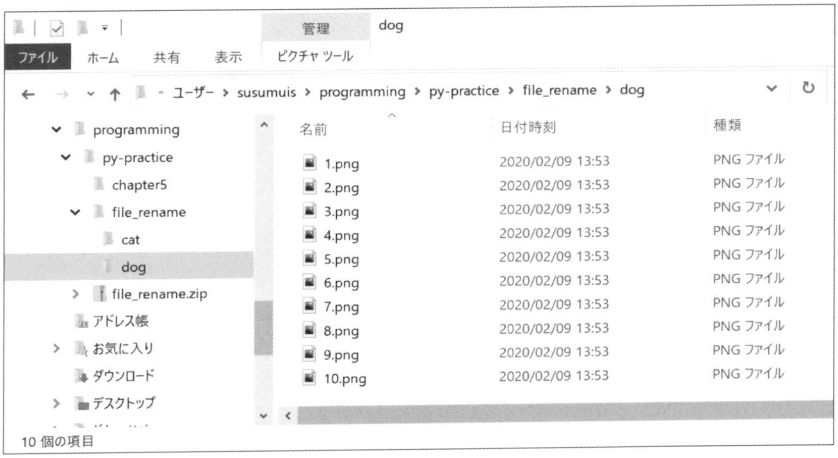

▼図6.3　catディレクトリ

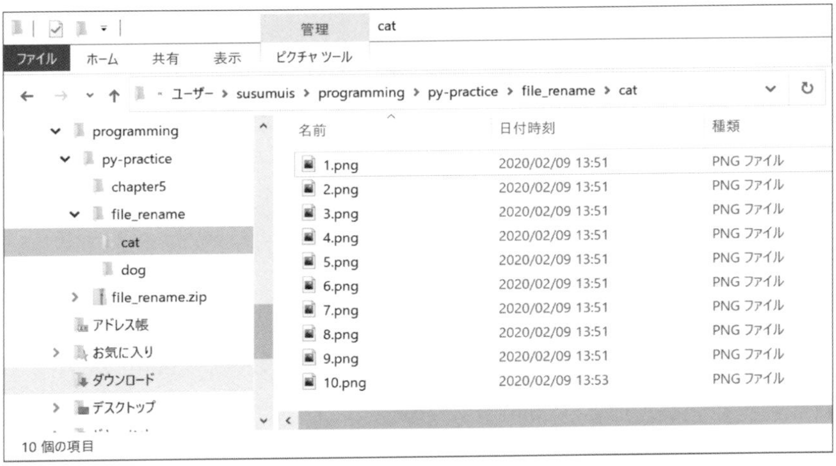

これらを**iyashi**という1つのディレクトリにまとめてスライドショーを作ろうと考えました。ところが、**1.png**、**2.png**のようにファイル名が同じですので、このままでは上書きされてしまいます。

そこで、名前が重複しないように、`dog`ディレクトリのファイルは`dog-1.png`、`dog-2.png`のように、`cat`ディレクトリのファイルは`cat-1.png`、`cat-2.png`のように名前を変更しようと思います。

手作業でファイルの名前を変更することもできますが、それは「面倒」な作業ではないでしょうか？　もし、あなたが猫と犬の画像をたくさん持っていたらなおさらです。

これは疑似的な想定シナリオですが、似たような場面はPCを使っていると時々発生するでしょう。こういうときは、プログラムを作ると楽に目的を達成できます。どのようなプログラムを書けば良いか学びましょう。

column

「面倒」はプログラマーにとって大切な気づき

子どものころに「面倒くさい」と言うと、大人から怒られたかもしれません。しかしプログラマーは、その言葉を肯定的にとらえます。

繰り返し作業や複雑な作業など、人がやると「面倒」なことは、プログラムによって自動化すると楽になります。もし、プログラマーがまったく「面倒」に気づかなければ、プログラムを作る動機が生まれないでしょう。プログラマーにとって「面倒」は、「プログラムで楽ができないか」を考えるための大事な「気づき」なのです。

これからはみなさんも、プログラミングによって楽ができる「面倒」に気づいていきましょう。

サンプルファイルのダウンロード

これから説明するプログラムを自分のPC上で打ち込んで実際に動かしてみましょう。プログラムの実行にあたって犬猫の画像が必要ですので、以下のURLよりダウンロードしてください。

https://gihyo.jp/book/2023/978-4-297-13292-7/support
ファイル：file_rename.zip

そして、作業ディレクトリ`programming/py-practice`に`file_rename`というディレクトリを作成し、その中にダウンロードしたZIPファイルを展開してください。

展開すると図6.2、6.3と同じ状態になります。なお、ここでは犬猫の画像が10ファイルずつあるものとして説明します。100個になってもループの回数を変更するだけで対応できます。

次に、ターミナルを開いて`file_rename`に移動します。`cd`コマンドを使ったら`pwd`、`ls`コマンドを使う習慣をつけると良いのでしたね（以下の例では`pwd`コマンドの出力は省略しています。ターミナルの使い方がわからなければ第2章を参照してください)。

```
> cd programming/py-practice/file_rename
> pwd
> ls
```

ステップ1:連番文字列を作ってみよう

まずは、変更前後のファイル名を出力してみましょう。
dogディレクトリに`renamefile_dog.py`というファイル名を作成し(図6.4)、

▼図6.4　dogディレクトリにrenamefile_dog.pyを作成した状態

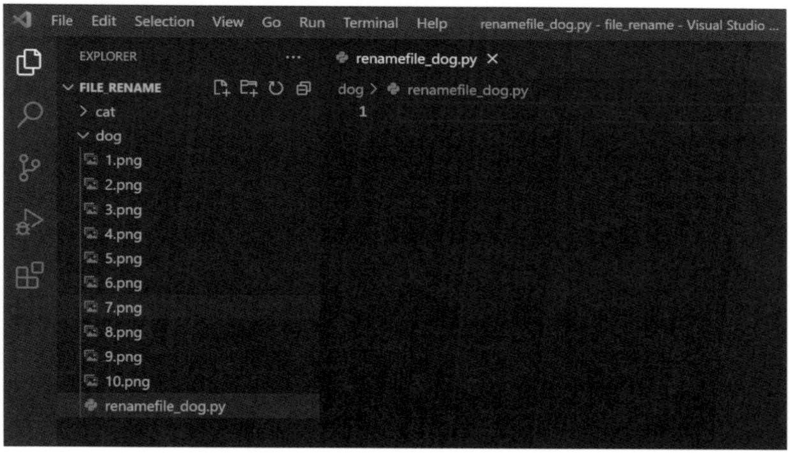

次のような文字列を出力するプログラムを作ってみてください。

```
1.png を dog-1.png に変更します。
2.png を dog-2.png に変更します。
3.png を dog-3.png に変更します。
4.png を dog-4.png に変更します。
5.png を dog-5.png に変更します。
6.png を dog-6.png に変更します。
7.png を dog-7.png に変更します。
8.png を dog-8.png に変更します。
9.png を dog-9.png に変更します。
10.png を dog-10.png に変更します。
```

ただし、10行のprint関数を並べてはいけません。print関数は1行のみで反復構造を使ってください。第5章のプログラムの組み立て方を知っていればこのプログラムは作れるでしょう。

できましたか？ リスト6.1が正解のプログラム例です。

▼リスト6.1 変更前後のファイル名を出力するプログラム

```
for i in range(1, 11):
    rename_from = str(i) + ".png"
    rename_to = "dog-" + str(i) + ".png"
    print(rename_from + " を " + rename_to + "に変更します")
```

この例ではrename_from、rename_toという変数を作って変更前後のファイル名を割り当てています。そのようにしなくても作れますが、せっかく変数が使えるのでこのほうが書きやすいでしょう。

それでは実行してみましょう。まずはプログラムを配置したdogディレクトリに移動します。

```
> cd dog
> pwd
> ls
```

次にpythonコマンドを使ってプログラムを実行します。pythonコマンドでファイルに書かれたプログラムを実行する方法が不安な場合は第5章を参照してください。

```
> python renamefile_dog.py  ◀ macOSの場合はpython3
```

目的を満たす出力ができているでしょうか？

ステップ2:ファイル名の変更方法を知ろう

変更前後のファイル名を出力するプログラムが書けたので、これにあと少しの改造をすれば、ファイルのリネームプログラムは完成します。

ファイル名を変更するには、標準ライブラリのpathlibモジュールが使えます。pathlibはファイル名といったパスの操作機能を提供するモジュールです。

まずは対話モードでpathlibモジュールの使い方を確認しましょう。一時的にhello.txtという名前のファイルを作ります。

・Windowsの場合

```
> New-Item -Type file hello.txt  ◀ 一時的にhello.txtを作成
```

・macOSの場合

```
% touch hello.txt  ← 一時的にhello.txtを作成
```

この時点でディレクトリの中をみると、**hello.txt**というファイルが存在します（図6.5）。

▼図6.5　hello.txtを作成した状態

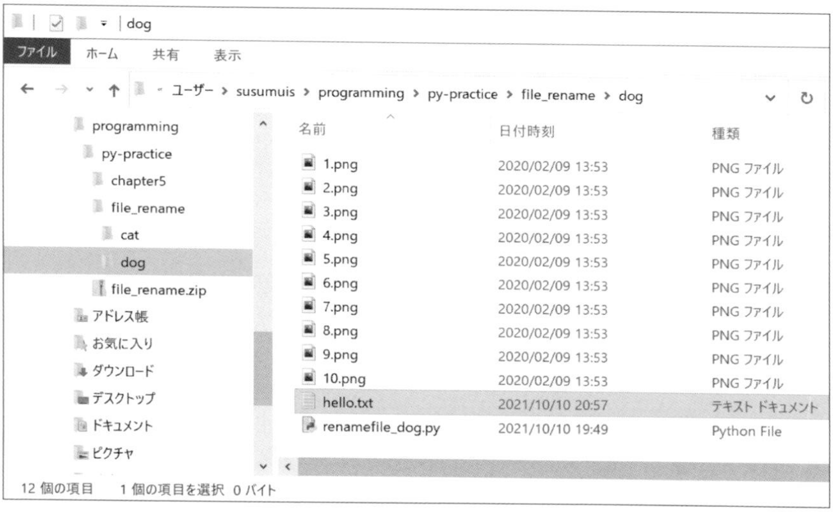

この**hello.txt**を、**world.txt**という名前に変更してみましょう。対話モードを起動して、次のように入力します。

```
> python  ← macOSの場合は python3
>>> from pathlib import Path
>>> path = Path("hello.txt")
>>> path.rename("world.txt")
WindowsPath('world.txt')  ← macOSでは PosixPath('world.txt')
```

ここでディレクトリの内容を見てみると、ファイル名が変更されていることがわかります（図6.6）。

▼図6.6　対話モードでファイル名を変更した状態

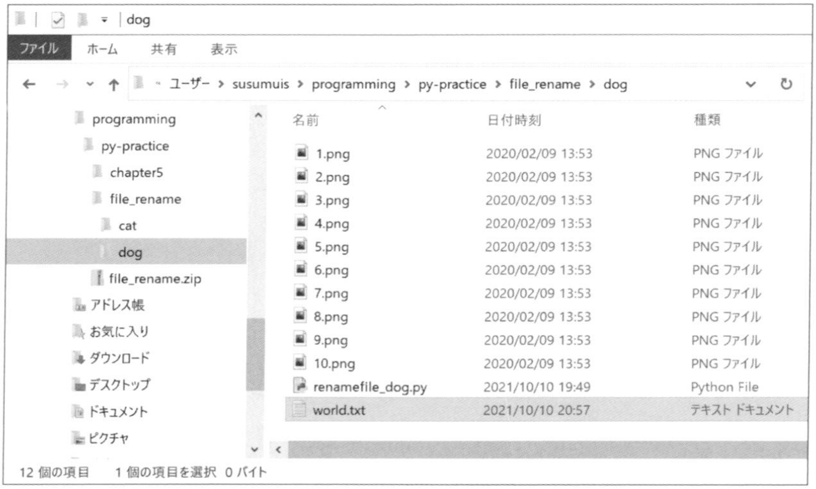

ファイル名の変更方法がわかったので**world.txt**は削除しましょう。

```
>>> quit()  ◀対話モードを抜ける
> rm world.txt  ◀world.txtを削除
```

ステップ3:組み合わせて目的を解決しよう

ステップ1とステップ2を振り返ってみましょう。

- ステップ1：変更前のファイル名と変更後のファイル名を列挙する
- ステップ2：ファイル名を変更する

この2つを組み合わせれば今回の目的は達成できますね！　リスト6.2が完成したプログラムです。

▼リスト6.2　犬画像のリネームプログラム（renamefile_dog.py）

```
from pathlib import Path

for i in range(1, 11):  ◀ファイル数が10以外の場合は、11の部分を「ファイル数+1」に変更する
    rename_from = str(i) + ".png"
    rename_to = "dog-" + str(i) + ".png"
    print(rename_from + " を " + rename_to + "に変更します")
    path = Path(rename_from)
    path.rename(rename_to)
```

さっそく実行してみましょう。

```
> python renamefile_dog.py  ← macOSの場合はpython3
```

実行すると次のようにメッセージが出力されます。

```
1.png を dog-1.png に変更します
2.png を dog-2.png に変更します
3.png を dog-3.png に変更します
4.png を dog-4.png に変更します
5.png を dog-5.png に変更します
6.png を dog-6.png に変更します
7.png を dog-7.png に変更します
8.png を dog-8.png に変更します
9.png を dog-9.png に変更します
10.png を dog-10.png に変更します
```

そしてdogディレクトリの中を確認するとファイル名が変わっています（図6.7）。

▼図6.7　リスト6.2でファイル名を変更した状態

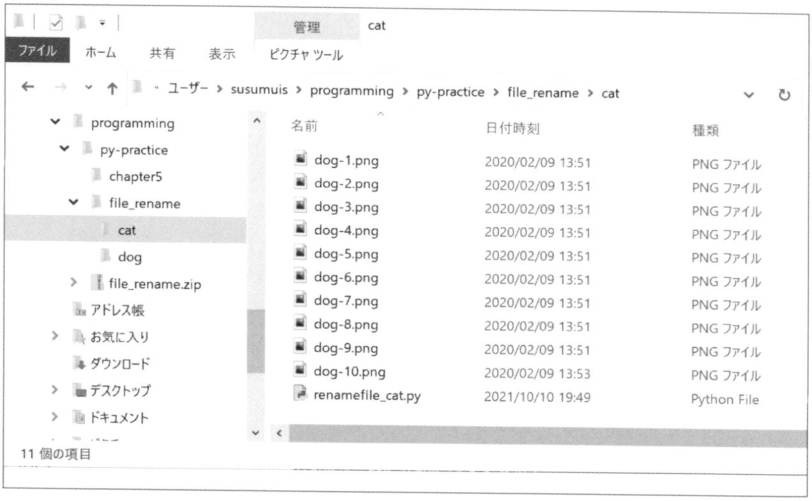

今度は次の内容で**renamefile_cat.py**（リスト6.3）を**cat**ディレクトリに作成し（図6.8）、

▼リスト6.3　猫画像のリネームプログラム（renamefile_cat.py）

```
from pathlib import Path

for i in range(1, 11):  ファイル数が10以外の場合は、11の部分を「ファイル数+1」に変更する
    rename_from = str(i) + ".png"
    rename_to = "cat-" + str(i) + ".png"
    print(rename_from + " を " + rename_to + "に変更します")
    path = Path(rename_from)
    path.rename(rename_to)
```

▼図6.8　catディレクトリにrenamefile_cat.pyを作成した状態

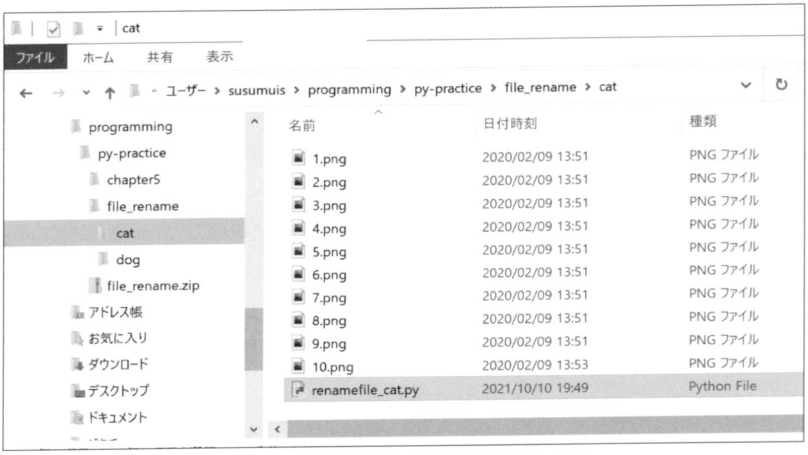

同じように実行しましょう。

```
> cd ../cat  dogディレクトリからcatディレクトリへ移動する
> python renamefile_cat.py  macOSの場合は python3
```

実行すると次のようにメッセージが出力されます。

```
1.png を cat-1.png に変更します
2.png を cat-2.png に変更します
3.png を cat-3.png に変更します
4.png を cat-4.png に変更します
5.png を cat-5.png に変更します
6.png を cat-6.png に変更します
7.png を cat-7.png に変更します
8.png を cat-8.png に変更します
9.png を cat-9.png に変更します
10.png を cat-10.png に変更します
```

これで、目的が達成できました（図6.9）。

▼図6.9　リスト6.3でファイル名を変更した状態

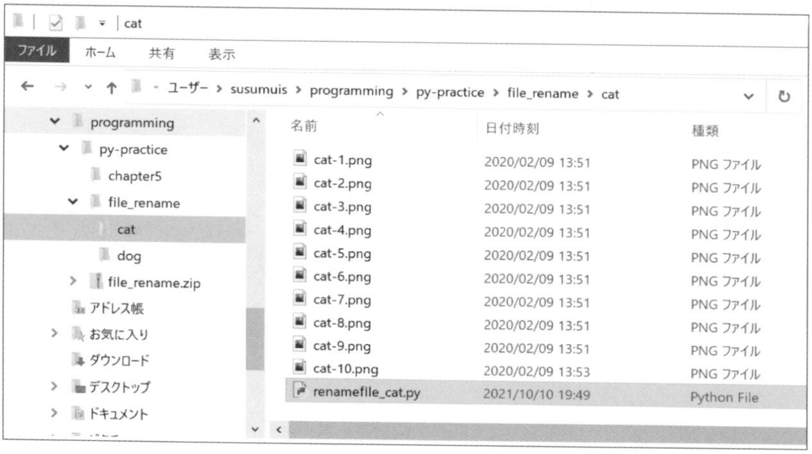

6.3 電話伝言メモ作成プログラムを作ろう

続いて、電話伝言メモ作成プログラムを作ってみましょう。「電話があったことを同僚や上司に取り次ぐ」という場面はオフィスワークでよく見られます。取り次ぎ先の人が離席中だった場合、電話があったことを伝言しますね。定型文を使うと、伝言内容を簡潔にまとめられます。同じ形式のメールを何度も書くのは単調な作業ですが、自動化できれば時間を有効に使えそうです。

プログラミングは定型文を埋めるような単調な作業の自動化にもぴったりです。以下のような伝言内容をプログラムで作成して、日々の仕事を少しだけ楽にしてみましょう。

```
件名:【電話伝言メモ】株式会社○×△ 鈴木様

山田さん

14:00頃、株式会社○×△の鈴木様よりお電話がありました。
折り返しをお願い致します。
TEL: 03-3000-1234
```

電話伝言メモ作成プログラムで行う処理の流れは以下のとおりです。

- 必要項目を入力

- 伝言の文面を作成
- 文面を表示し、ファイルに保存

作業ディレクトリの作成

前節からターミナルを開いている状態の人はターミナルを一度終了してください。そして新たにターミナルを起動したら、**cd**コマンドで**programming/py-practice**に移動しましょう。

```
> cd programming/py-practice
> pwd
> ls
```

そして、**mkdir**コマンドで**tel_template**ディレクトリを作成して移動します。

```
> mkdir tel_template
> cd tel_template
> pwd
> ls
```

以降、このディレクトリに電話伝言メモ作成プログラムを作っていきます。

はじめの一歩:必要項目の入力

まずは次の必要な項目を入力して、変数に割り当てるだけのプログラムを書いてみましょう。項目と変数の対応は表6.1のようにします。

▼表6.1　プログラムの必要項目

変数名	項目
company	どの会社からか
call_from	誰からか
call_to	誰宛か
tel	相手の電話番号

これらの項目を、第5章で学んだ**input**関数を使って入力しましょう。**tel_message.py**というファイル名でリスト6.4のプログラムを作成しましょう。

▼リスト6.4　電話伝言メモを表示するプログラム

```
company = input("どこの会社から？:")
call_from = input("誰から？:")
call_to = input("誰宛て？:")
tel = input("相手先の電話番号:")

print(company, call_from, call_to, tel)
```

プログラムを保存したら**python**コマンドで実行しましょう。すると、以下のように「どの会社から？:」「誰から？:」「誰宛て？:」「相手先の電話番号:」と質問され、それぞれで入力した値が最後に出力されます。

```
> python tel_message.py   ← macOSの場合はpython3
どこの会社から？:株式会社○×△
誰から？:鈴木
誰宛て？:山田
相手先の電話番号:03-3000-1234
株式会社○×△ 鈴木 山田 03-3000-1234
```

このままでは、入力した値をそのまま画面に出力するだけですので、プログラムに以下の機能を追加して行きましょう。

- 伝言の文面を作成
- 文面を表示し、ファイルに保存

改行の出力方法を知ろう

次は文面を作成する処理を書くのですが、作成する文面には改行がありますね。改行を含めた文面を作成するためには、文字列値に改行を含めなければなりません。文字列に改行を含めるには**改行文字**という特殊な文字を使います。改行文字はプログラム上では**\n**と表されます。

まずは改行文字をプログラムに書く方法を知りましょう。WindowsとmacOSで注意することが違います。

Windowsで改行文字を出す方法

改行文字を意味する**\n**という文字列を入力するためには\（バックスラッシュ）という文字を入力する必要があります。この文字は、Windowsでは[¥]キーを押せば出せます。

ところが、日本語版のWindowsでは\が¥と表示される仕様のため、**¥n**と表示されてしまいます。Windowsの場合は**¥n**と表示されていても問題ないのでそのまま進めてください。

以降、本文に**\n**と書いてあっても、実際の画面には**¥n**となるように入力してください。

macOSで改行文字を出す方法

macOSでは、¥キーを押すと、そのまま¥という記号が出てしまいます。Windowsとは異なり、macOSでは¥と\は別の文字です。

macOSで\を入力するには⌥を押したまま¥を押します。その際画面には\と表示されるはずです。

macOSを使っている人は、本文に\nと書いてある場合、実際の画面も\nとなるように入力してください。

発展

エスケープシーケンスについて

\nのような文字列をエスケープシーケンスと呼びます。改行文字のような特殊な文字を文字列の値注6.Aに含めるときにエスケープシーケンスを使用します。

Pythonではエスケープシーケンスとして表6.Aのようなものがよく使用されます。

▼表6.A　Pythonでよく使われるエスケープシーケンス

エスケープシーケンス	表す文字	補足
\\	\	文字列の中に\を含めるときは\\のように2文字続けると1文字分の\になる
\'	'	'（シングルクオーテーション）で囲った文字列の中に'を含めるときに使用する
\"	"	"（ダブルクオーテーション）で囲った文字列の中に"を含めるときに使用する
\n	改行文字	
\t	タブ文字	
\a	ベル文字	この文字が出力されると「ピッ」と音が鳴る

対話モードを起動し、**print**関数を使って、改行文字によって文字列が改行されて表示されていることを確認しましょう。

```
>>> print("Hello,\nworld")
Hello,
world
```

Hello,と**world**の間が改行されましたね！

注6.A）正確には文字列リテラルと呼びます。リテラルについては第4章の発展『「1」と書いただけでも式』で触れています。

文面を作成しよう

改行を含めた文字列の作り方がわかったので、文面全体を作成して変数**message**に割り当て、**print**関数で出力しましょう。

まず、先ほどのプログラム（リスト6.4）の`print(company, call_from, call_to, tel)`の部分は不要ですので削除します。

次に、文面全体を作成して変数**message**に割り当てます。文字列は**+**演算子を使って結合できることは第4章で学びましたね。しかし、今回作成する文面はとても長いため、以下のように1行で表そうとすると行がとても長くなってしまいます。

```
message = "件名:【電話伝言メモ】" + company + " " + call_from + "様\n\n" + call_to + "さん\n"...
```

そこで、文字列を複数行に分けて書く方法を学びましょう。

文字列値の両端を丸括弧**( )**で囲うことで、文字列結合を複数行に分けて記述できます。たとえば次のように書くことで、`Hello,`と`world`を改行でつないだ値を作成できます。

```
(
    "Hello,\n" +
    "world"
)
```

前の行が**"**で終わり、次の行が**"**で始まる場合は、文字列結合の演算子`+`を省略できます。

```
(
    "Hello,\n"
    "world"
)
```

この書き方を使えば、文面を作成する文をリスト6.5のように複数行に分けて書くことができます。

▼リスト6.5　電話伝言メモの文面を作成する文

```
message = (
    "件名:【電話伝言メモ】" + company + " " + call_from + "様\n"
    "\n" + call_to + "さん\n"
    "\n" + company + "の" + call_from + "様よりお電話がありました。\n"
    "折り返しをお願い致します。\n"
    "TEL: " + tel
)
```

行をどこで分けるかに制約はありません。行末に改行文字がくるように分けると実際の見た目と近くなり、プログラムが読みやすくなるでしょう。

最後に`print(message)`を追加して画面に表示しましょう。プログラムはリスト6.6のようになっています。

▼リスト6.6　電話伝言メモを作成して表示するプログラム

```
company = input("どこの会社から？:")
call_from = input("誰から？:")
call_to = input("誰宛て？:")
tel = input("相手先の電話番号:")

message = (
    "件名:【電話伝言メモ】" + company + " " + call_from + "様\n"
    "\n" + call_to + "さん\n"
    "\n" + company + "の" + call_from + "様よりお電話がありました。\n"
    "折り返しをお願い致します。\n"
    "TEL: " + tel
)

print(message)
```

ここでプログラムを実行してみましょう。

```
> python tel_message.py   ◀ macOSの場合はpython3
どこの会社から？:株式会社○×△
誰から？:鈴木
誰宛て？:山田
相手先の電話番号:03-3000-1234
件名:【電話伝言メモ】株式会社○×△ 鈴木様

山田さん

株式会社○×△の鈴木様よりお電話がありました。
折り返しをお願い致します。
TEL: 03-3000-1234
```

おお！　目的の文面を画面に表示することができました！

ファイルへの保存

さて、次は作成した文面をファイルに保存しましょう。

プログラムがファイルを保存したり読み込んだりするときは、ファイルを開く（open）、閉じる（close）という操作を行う必要があります。開いてから閉じるまでの間に、ファイルを扱う処理を書きます。

ファイルを開くには**pathlib**モジュールの**Path**型の値に対して**open**メソッドを呼び出します。まずはプログラムの先頭に**pathlib**モジュールから**Path**型をimportする文を追加します。

```
from pathlib import Path
```

そしてプログラムの末尾に、次のように変数**file_path**に**Path**型の値を割り当てる代入文を書きます。

```
file_path = Path("tel_message.txt")
```

これでファイルを扱う準備ができました。この**file_path**に割り当てられた値に対して**open**メソッドを使います。

ファイルを開くときのモード

openメソッドの引数としてファイルを開くときのモードを指定します。モードには表6.2の3つがあります。

▼表6.2　ファイルを開くときのモード

引数の値	役割
"r"	読み取り
"w"	書き込み（すでにファイルが存在するときは上書き）
"a"	書き込み（すでにファイルが存在するときは末尾に追記）

引数を指定しない場合は読み取りモード（**"r"**）で開かれます。読み込みモードでは対象のファイルが見つからない場合、エラーが発生します。

書き込みモード（**"w"**および**"a"**）を指定した場合、対象のファイルが見つからない場合は自動的に作成されます。

対象のファイルが存在している場合は、モード**"w"**と**"a"**で動きが異なります。**"w"**モードでは書き込まれていたデータは一度削除され、新たにデータが書き込まれます。

"a"モードでは書き込まれていたデータは削除されず、末尾にデータが追記されます。

今回はファイルに新しい文面に追記するのではなく、前回のデータを削除して上書きしたいため、書き込みモード（**"w"**）を使います。

ファイルを開く／閉じる

それでは、**tel_message.txt**というテキストファイルを書き込みモードで開きましょう。

```
file_path = Path("tel_message.txt")
file_out = file_path.open("w")
```

これで**tel_message.txt**というファイルが作成され、変数**file_out**を使ってファイルへ書き込めます。ファイルに文字列を書き込むときには**file_out.write()**メソッドを使います。

```
file_out.write(message + "\n")
```

これで**tel_message.txt**に文面が書き込まれます。

+ "\n"と末尾に改行文字を追加しているのはテキストファイルの末尾を改行文字にするためです。テキストファイルの末尾はできる限り改行文字にすることが良い習慣とされています。今回、**message**に割り当てられている値の末尾は改行文字ではないので、追加してファイルに書き込むことにします。

ファイル操作が終わったら**file_out.close()**でファイルを閉じます。

```
file_out.close()
```

ファイルが開いたままになっていると、予期せぬ不具合の原因になることがあります。確実に閉じておきましょう。

ここまでに書いたプログラムを実行しよう

ここまで書いたプログラムはリスト6.7のようになっています。

▼リスト6.7　電話伝言メモを作成・表示・保存するプログラム

```
from pathlib import Path

company = input("どこの会社から？:")
call_from = input("誰から？:")
call_to = input("誰宛て？:")
tel = input("相手先の電話番号:")

message = (
    "件名:【電話伝言メモ】" + company + " " + call_from + "様\n"
    "\n" + call_to + "さん\n"
    "\n" + company + "の" + call_from + "様よりお電話がありました。\n"
    "折り返しをお願い致します。\n"
    "TEL: " + tel
)

print(message)

file_out = Path("tel_message.txt").open("w")
```

```
file_out.write(message + "\n")
file_out.close()
```

このプログラムを実行してみましょう。

```
> python tel_message.py   ← macOSの場合はpython3
どこの会社から？:株式会社○×△
誰から？:鈴木
誰宛て？:山田
相手先の電話番号:03-3000-1234
件名:【電話伝言メモ】株式会社○×△ 鈴木様

山田さん

株式会社○×△の鈴木様よりお電話がありました。
折り返しをお願い致します。
TEL: 03-3000-1234
```

成功すると、**tel_template**ディレクトリに**tel_message.txt**というファイルが作成されているはずです。このテキストファイルを「メモ帳」などで開いてみれば、図6.10のような文面が保存されているはずです。

▼図6.10　tel_message.txtをメモ帳で開く

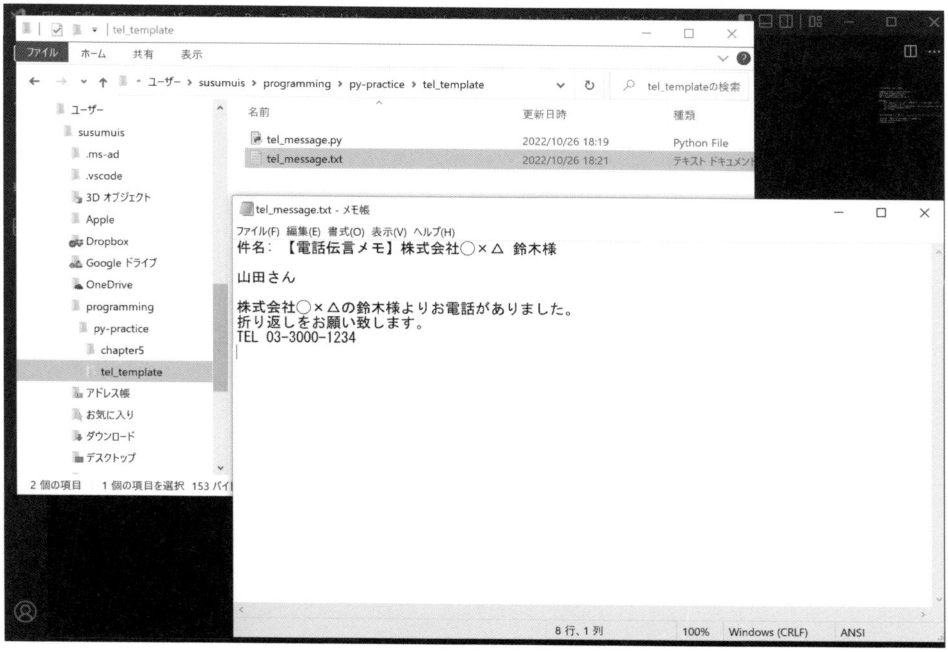

発展

Visual Studio Codeで文字化けしてしまったら

Windowsを使っている方は、本文のとおりに実行して作成した`tel_message.txt`をVisual Studio Codeで開こうとすると、文字化けをしてしまう場合があります。これはファイルを保存するとき「Shift JIS」と呼ばれる文字コードが使用されているためです。

Visual Studio Codeはとくに指定しない場合「UTF-8」と呼ばれる文字コードを使用します。書き込むソフトウェアと読み込むソフトウェアで文字コードが一致していない場合、文字化けが発生します（図6.A）。

▼図6.A　Visual Studio Codeでの文字化け

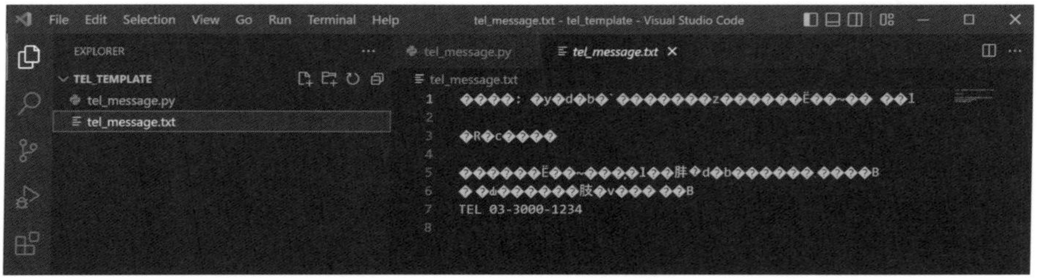

文字化けが起きた場合も落ち着いて対応すれば問題ありません。Visual Studio Codeでは画面の右下に［UTF-8］などと表示されている箇所があります。ここをクリックすると、上のほうにテキストボックスが出現するので［Reopen with Encoding］を選択します（図6.B）。

▼図6.B　［Reopen with Encoding］

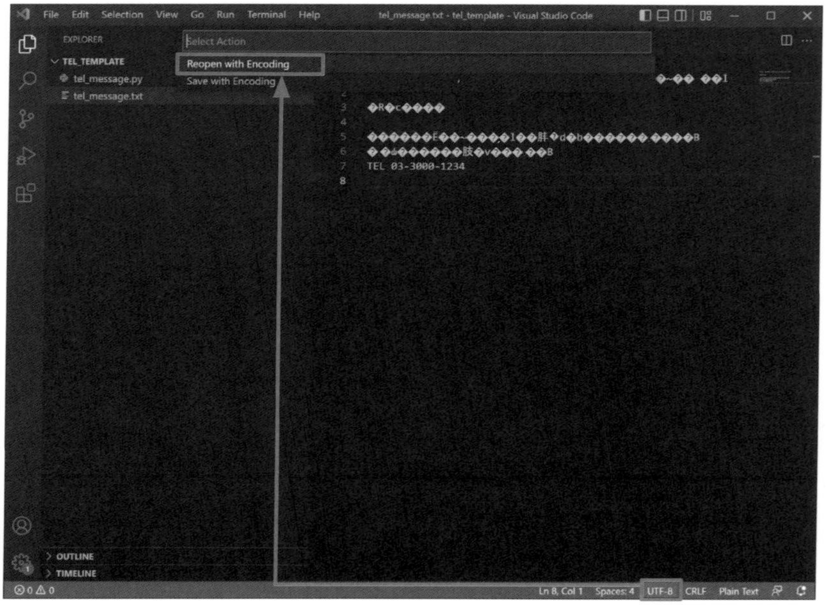

すると、今度はさまざまな文字コードが表示されるので[Japanese (Shift JIS)]を選択してください(図6.C)。

▼図6.C [Japanese (Shift JIS)]を選ぶ

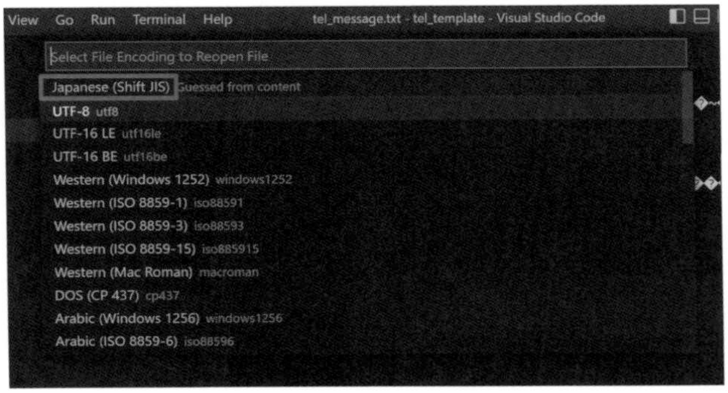

これで文字化けせずに文面を確認できるはずです。

電話のあった時間を入れよう

文面に電話のあった時間帯を追加しましょう。

```
14:00頃、株式会社○×△の鈴木様よりお電話がありました。
```

現在日時を取得するのには**datetime**モジュールの**datetime.now**メソッドを使用すれば良いのでしたね。**tel_message.py**の先頭にimport文を追加しましょう。

```
from datetime import datetime
```

datetime型の値を文字列値に変換する

datetime.now()と書けば現在日時を取得できます。しかし、**datetime.now()**で取得した値の型は**datetime**型です。

文面の中に埋め込むには文字列型の値と結合しなければなりませんが、**datetime**型と文字列型は**+**演算子によって結合することができません。結合しようとすると以下のようなエラーが表示されます。

```
Traceback (most recent call last):
  File "<stdin>", line 1, in <module>
TypeError: unsupported operand type(s) for +: 'datetime.datetime' and 'str'
```

そこで、文面に結合するために**datetime**型の値を文字列型の値に変換する方法を覚える必要があります。

datetime型の値を文字列値に変換するには、**strftime**メソッドを使います。**strftime**メソッドの引数には日時の書式を指定します。書式は、**表6.3**のような特殊な文字列を埋め込んだ文字列として指定します。

▼表6.3　strftimeメソッドの日時の書式

文字列	表す日時
%Y	4桁の西暦(2020、2021、…など)
%m	ゼロ埋めした月(01、02、……、10、11、12)
%d	ゼロ埋めした日にち(01、02、……、30、31)
%H	ゼロ埋めした時間(24時間表記)
%M	ゼロ埋めした分
%S	ゼロ埋めした秒

対話モードを使って確認してみましょう。

```
>>> from datetime import datetime
>>> now_datetime = datetime.now()
>>> now_datetime
datetime.datetime(2022, 12, 19, 14, 5, 34, 139372)
>>> now_datetime.strftime("%H:%M")  ◀ 時:分 のみを表示
'14:05'
>>> now_datetime.strftime("%Y/%m/%d")  ◀ 年/月/日 を表示
'2022/12/19'
```

対話モードの結果表示が**'**で囲われていることから、文字列に変換されていることがわかります。これをふまえて、現在日時を「時:分」という形式の文字列に変換し、変数に割り当てましょう。

```
called_at = datetime.now()
called_at_str = called_at.strftime("%H:%M")
```

変数名に_strをつけることで、その変数に割り当てられた値が**datetime**型ではなく文字列(**string**)型であることを示しています。このように、変数名の末尾に型を表す名前をつけることがあります。

最後に、文面に文字列に変換した日時を結合すれば、プログラムは完成です（リスト6.8）。

▼リスト6.8　現在日時を含めた電話伝言メモを作成・表示・保存するプログラム

```
from datetime import datetime
from pathlib import Path

called_at = datetime.now()
called_at_str = called_at.strftime("%H:%M")

company = input("どこの会社から？:")
call_from = input("誰から？:")
call_to = input("誰宛て？:")
tel = input("相手先の電話番号:")

message = (
    "件名:【電話伝言メモ】" + company + " " + call_from + "様\n"
    "\n" + call_to + "さん\n"
    "\n" + called_at_str + "頃" +
    company + "の" + call_from + "様よりお電話がありました。\n"
    "折り返しをお願い致します。\n"
    "TEL: " + tel
)

print(message)

file_out = Path("tel_message.txt").open("w")
file_out.write(message)
file_out.close()
```

6.4 プログラムを作ってみて見えてくる次のステップ

この章では標準ライブラリから必要なモジュールを見つけて使うことで、実用的なプログラムを作る方法を学びました。例として取り上げたプログラムは想定のシナリオに沿ったものですが、どちらも筆者たちが実際に似たような状況になって作成したプログラムをもとにしています。

今後も、標準ライブラリなどのライブラリから必要なモジュールを見つけ、関数を呼び出すことでさまざまなプログラムを作れるようになっていくことでしょう。そして、ある程度のプログラムを書けるようになってくると、新たな課題に気づくはずです。次の章では、その課題に対してアプローチします。

第7章 読みやすいコードの壁

可読性が高いプログラムを書けるようになろう

この章では、プログラミング学習第7の壁：読みやすいコードの壁（読みやすいプログラムが書けない）を乗り越えます。プログラムの書き方がわかってきても、「自分の書いたプログラムはどこか不格好だなぁ……」と感じることはないでしょうか？　また、書いてから何日か経つと、何のプログラムだったかわからなくなってしまうことはないでしょうか？　このようなプログラムを本章では「不恰好なプログラム」、「読みづらいプログラム」と呼ぶことにします。この章では第6章で作成した電話伝言メモ作成プログラムを改善し、プログラムを読みやすくしていく方法を学びます。

7.1 プログラムが読みづらいと感じる原因は?

第6章の最後に書かれた電話伝言メモ作成プログラム（`tel_message.py`）を読み返してみましょう。このプログラムはどうして読みづらいと感じるでしょうか。

このプログラムには大きく3つの問題があります。

- どのような目的で書かれた処理かわかりにくい
- 文面作成を行う部分がごちゃごちゃしている
- プログラム全体が1つの固まりになってしまっている

このような問題に対して、プログラミング言語は解決手段を提供しています。ここではPythonの機能を使ってこの問題に対処していきましょう。

7.2 ソースコードに説明を入れよう

まずは「どのような目的で書かれた処理かわかりにくい」という問題に対処します。

プログラミングの世界では「1週間前の自分は他人」という言葉があります。プログラムを書いてから1週間も経つと、書いた本人ですら「なぜこの書き方をしたのか」と悩んでしまうことがあるためです。ほかのプログラマーが書いたプログラムであればなおのこと、書かれた意図を読み取るのに時間がかかるでしょう。

プログラムが長くなるほど、この問題は顕著になります。そこでプログラマーはソースコードの中に、「なぜそう書いたのか」「どう使うのか」という説明を書き残します。こうしたプログラムへの説明を**コメント**と呼びます。

コメントの書き方を知ろう

Pythonでは、#から行末までがコメントとして扱われます。コメントの部分はプログラムの動作に影響しません。1行全体をコメントにすることも、通常の文の後ろにコメントを書くこともできます。文の後ろにコメントを書く場合は、処理の末尾から半角スペース2つを入れてからコメントを始めるのが一般的です。

以下のサンプルコードを実行すると「Hello, world !」が表示されます。コメントの内容はどこにも出力されません。

```
# ここはコメントです
print("Hello, world !")  # ここもコメントです
```

コメントに書くべきことを考えよう

では、どのようなコメントを書くべきでしょうか？　たとえば、**リスト7.1**は良くない例です。このようなコメントは書いてはいけません。

▼リスト7.1　良くないコメントの例

```
called_at = datetime.now()  # 変数called_atに現在時刻を代入する
called_at_str = called_at.strftime("%H:%M")  # 現在時刻を文字列に変換
company = input("どこの会社から？:")  # 入力した会社名を変数companyに代入する
call_from = input("誰から？:")  # 入力した相手の名前を変数call_fromに代入する
call_to = input("誰宛て？:")  # 入力した電話の宛先の名前を変数call_toに代入する
tel = input("相手先の電話番号:")  # 入力した相手先の電話番号を変数telに代入する
```

この例では、すべての行の後ろにコメントをつけているので、ごちゃごちゃして読みづらいですよね。コメントに書いてあることも、各行の文でしていることを日本語でそのまま説明しただけです。このような「プログラムを読めばわかる」情報はコメントに書くべきではありません。プログラミン

グに不慣れなときは、そのようなコメントを書きたくなってしまうこともあるでしょう。しかし、プログラム自体を読めばわかるようなことは、プログラム自体を読んでわかるようにするべきです。

リスト7.2は、第6章で作成した電話伝言メモ作成プログラム（リスト6.8）を使った良いコメントの書き方の例です。みなさんの手元のコードも同じように書き換えましょう。

▼ リスト7.2　リスト6.8をコメントで読みやすく

```
from datetime import datetime
from pathlib import Path

# 必要項目の取得
called_at = datetime.now()
called_at_str = called_at.strftime("%H:%M")  # あとで文面に含めやすいように文字列化する

company = input("どこの会社から？:")
call_from = input("誰から？:")
call_to = input("誰宛て？:")
tel = input("相手先の電話番号:")

# 伝言の文面を作成する
message = (
    "件名:【電話伝言メモ】" + company + "　" + call_from + "様\n"
    "\n" + call_to + "さん\n"
    "\n" + called_at_str + "頃" +
    company + "の" + call_from + "様よりお電話がありました。\n"
    "折り返しをお願い致します。\n"
    "TEL: " + tel
)

print(message)

# 伝言の文面をファイルに出力する
file_path = Path("tel_message.txt")
file_out = file_path.open("w")
file_out.write(message)
file_out.close()
```

追加したコメントによって、このプログラムは「必要項目の取得」「伝言の文面を作成する」「伝言の文面をファイルに出力する」という3つの部分に分かれることを説明しています。また、変数**called_at_str**を作っている理由として、「あとで文面として結合するため」という意図を説明しています。このように、コメントはプログラムの意図を伝えるために使用するものです。

動作確認をしよう

コメントの追加ではプログラムの実行結果は変わりません。それでも、プログラムを修正したら必ず動作確認をしましょう。第6章から続けて読んでいる方は、ターミナルのカレントディレクトリが**tel_template**になっているはずです。そうでない人はターミナルを立ち上げて、以下のコマンドでカレントディレクトリを移動しましょう。

```
> cd programming/py-practice/tel_template
```

cdコマンドでカレントディレクトリを移動したあとは**pwd**、**ls**で必ず確認するのが良い習慣でしたね。以下のコマンドを実行し、カレントディレクトリが正しく移動できていることと、ディレクトリの中に**tel_message.py**があることを確認しましょう（以下の例では実行結果は省略します。詳しく知りたい方は第2章を参照してください）。

```
> pwd
> ls
```

ディレクトリを移動したらプログラムを実行します。ファイルに保存したプログラムの実行方法については第5章で説明しましたが、念のためにおさらいしましょう。

Windowsを使用している場合は**python**コマンドを使用します。

```
> python tel_message.py
```

macOSを使用している場合は**python3**コマンドを使用するのでしたね。

```
% python3 tel_message.py
```

以降は、**python**と表記しますので、macOSを使用している方は**python3**に読み替えてください。実行結果はWindows、macOS共通です。

```
どこの会社から？:株式会社○×△
誰から？:鈴木
誰宛て？:山田
相手先の電話番号:03-3000-1234
件名:【電話伝言メモ】株式会社○×△ 鈴木様

山田さん

10:15頃、株式会社○×△の鈴木様よりお電話がありました。
折り返しをお願い致します。
TEL: 03-3000-1234
```

第6章から続けて読んできた人は、動きが変わっていないことを確認できたと思います。

コメントでわかりやすくするのは最低限の手段でもある

このように「説明がないと、あとで意図がわかりづらくなる」と感じる箇所にコメントを書きましょう。プログラムの見通しの悪さをコメントで補うことは、悪い手段ではありません。しかし、それは最低限の手段であるとも言えます。プログラミング言語の機能を上手に使えば、コメントをあまり書かなくてもプログラムを読みやすくできます。次の節からは、コメント以外の方法でプログラムを読みやすくする方法を学びましょう。

発展 コメントアウトによって一部の行を一時的に無効にする

コメントを示す#をコードの先頭に書くことで、コードを一時的に実行しないようにできます。この操作は**コメントアウト**と呼ばれます。

Visual Studio Codeではショートカットキー Ctrl + / (macOSの場合は ⌘ + /)でコメントアウトすることができます。範囲選択して、複数行まとめてコメントアウトすることもできます(図7.A)。

▼図7.A　3行をまとめてコメントアウト

```
        # エースはとりあえず1と解釈する
        point += 1
        # 「エースが存在した」フラグを立てる
        exists_ace = True
    # elif rank > 10:
    #     # 11以上のときは常に10足す
    #     point += 10
    else:
        # それ以外はカードのランクを足す
        point += rank
```

そして、もう一度 Ctrl + / (macOSの場合は ⌘ + /)を押すとコメントアウトを解除してコードを再び有効にできます。

たとえば、プログラムが自分の意図したように動かないときにコメントアウトを使います。大まかな箇所に目星をつけたら、その部分をコメントアウトして原因の切り分けをしていきます。コメントアウトは便利なテクニックですが、あくまで一時的に使うものです。完成したプログラムにはコメントアウトを残さないようにしましょう。

7.3 f-stringで文面の作成を簡潔に記述しよう

電話伝言メモ作成プログラム（**tel_message.py**）には「文面作成を行う部分がごちゃごちゃしている」という問題がありました。

「ごちゃごちゃしている」のは、文面作成のために**+**演算子による文字列結合を多用していることが原因です。文字列結合は、短い文字列同士や、文字列値を割り当てた変数を2つや3つ結合する場合には問題ありません。しかし、このプログラムのように長い文字列を作るために使うにはあまり適していません。

Pythonには文字列の中の一部分に、変数に割り当てた値を埋め込むことができる**f-string**という文法があります。f-stringを使うと、文面作成のような場面では文字列結合よりも読みやすく書くことができます。

f-stringの使い方を覚えよう

f-stringの使い方はとても簡単です。文字列を示す**"**ダブルクォーテーションの前に**f**と書くだけです。そして、埋め込みたい値を**{}**で囲んで文字列の中に書きます。

文面を作成する箇所をf-stringを使って書きなおすと以下のようになります。

```
message = (
    f"件名:【電話伝言メモ】{company} {call_from}様\n"
    f"\n{call_to}さん\n"
    f"\n{called_at_str}頃{company}の{call_from}様よりお電話がありました。\n"
    "折り返しをお願い致します。\n"
    f"TEL: {tel}"
)
```

これだけでも、前のプログラムより読みやすくなっていますが、f-stringの機能を活用すれば、さらに見やすくすることができます。

f-stringの便利な機能を活用しよう

f-stringは文字列結合よりも良いことが2つあります。

1つめは、数値から文字列への変換機能が備わっていることです。たとえば、f-stringを使わずに文字列を結合する場合、以下のコードはエラーになります。

```
>>> a = 1
>>> "aの値は: " + a
Traceback (most recent call last):
  File "<stdin>", line 1, in <module>
TypeError: can only concatenate str (not "int") to str
```

これは、文字列と整数の間に**+**を書くという演算は定義されていないというエラーです。エラーが出ないようにするためには次のように書かなければなりません(詳しくは第4章を参照してください)。

```
>>> a = 1
>>> "aの値は: " + str(a)
'aの値は: 1'
```

f-stringを使うと、数値から文字列への変換が自動で行われるため、以下のように`str`関数で変換しなくても、文字列の中に数値を埋め込むことができます。

```
>>> a = 1
>>> f"aの値は: {a}"
'aの値は: 1'
```

2つめは、文字列への変換の際にフォーマットを指定できることです。第6章では、datetime型を文字列型に変換するときは**strftime**メソッドを使用してフォーマットすることを学びました。**tel_message.py**では以下の行が該当する部分です。

```
called_at_str = called_at.strftime("%H:%M")
```

f-stringでは`{datetime型の値:フォーマット}`のようにコロン(**:**)のあとに書式を書くことで、フォーマットを指定してdatetime型の値を文字列の中に埋め込むことができます。これを使うことで、変数**called_at_str**を作る必要がなくなります(リスト7.3)。

▼リスト7.3　リスト7.2をf-stringで読みやすく

```
from datetime import datetime
from pathlib import Path

# 必要項目の取得
called_at = datetime.now()

company = input("どこの会社から？:")
call_from = input("誰から？:")
```

```
call_to = input("誰宛て？:")
tel = input("相手先の電話番号:")

# 伝言の文面を作成する
message = (
    f"件名:【電話伝言メモ】{company} {call_from}様\n"
    f"\n{call_to}さん\n"
    f"\n{called_at:%H:%M}頃{company}の{call_from}様よりお電話がありました。\n"
    "折り返しをお願い致します。\n"
    f"TEL: {tel}"
)

print(message)

# 伝言の文面をファイルに出力する
file_path = Path("tel_message.txt")
file_out = file_path.open("w")
file_out.write(message)
file_out.close()
```

これで「# あとで文面に含めやすいように文字列化する」という意図を説明するコメントが1つ必要なくなりました！

7.4 関数によってプログラムを意味を持った処理の固まりに分けよう

電話伝言メモ作成プログラム（**tel_message.py**）には「プログラム全体が1つの固まりになってしまっている」という問題もありました。つまり、本来はいくつかの部分に分けられるプログラムが1つに固まっているということです。

電話伝言メモ作成プログラムは「必要項目の取得」「伝言の文面を作成する」「伝言の文面をファイルに出力する」という部分に分けられます。コメントを使って「どこからがどの部分なのか」を説明していますが、コメントはあくまでコメントです。プログラムとしては1つの固まりにすぎません。プログラムを改良していくにつれ、この固まりは大きくなっていくでしょう。

一般的に、プログラムが大きな1つの固まりになることは良くないこととされます。大きなプログラムの固まりは、その全体を読み解かなければ理解できません。また、大きな固まりの中には多くの変数が含まれているでしょう。変数が増えると、変数同士の関係が複雑になります。その結果、プログラムの変更が全体に及ぼす影響を見通すことが難しくなります。

そんなときは、関数を作ってプログラムを分割することが有効です。ここまで関数といえば、Pythonにあらかじめ用意されたものでした。しかし、関数は自分で作ることもできます。

関数を使ってプログラムを、意味を持った小さな固まりに分けることで、プログラムが大きな1つの固まりになることで起こる弊害を解消できます。

関数の作り方

関数を作るには**関数定義文**を使います。関数定義文は次のように書きます。

```
def 関数名(引数1, 引数2, ...):
    関数の処理として実行する文
    return 返り値
```

defとは定義を意味するdefineの略語です。関数定義文はif文、while文などと同じ複文ですので、インデントを使って「関数の処理として実行する文」を含めます。

関数の名前は変数と同じルールで自由に決められます（詳しくは第4章を参照してください）。どのような処理をする関数か、わかりやすい名前をつけましょう。

関数の中で返り値を指定する文を**return文**と呼びます。返り値を利用しない場合は、return文を省略することもできます。またPythonでは、関数定義文の前後に2行の空行を設ける習慣があります。

伝言の文面を作成する関数を作ろう

電話伝言メモ作成プログラムから、文面作成の処理を関数に切り出してみましょう。関数名は**make_message**とします。引数は入力項目5つで、返り値は作成した文面です。

```
def make_message(called_at, company, call_from, call_to, tel):
    # 伝言の文面を作成する

    ◀ここに文面を作成して、変数messageに割り当てる処理を書く

    return message
```

「ここに文面を作成して、変数messageに割り当てる処理を書く」の部分に、文面を作成する文を移動しましょう。そして、文面を作成していた箇所には、関数を呼び出す以下の文を書きます。

```
message = make_message(called_at, company, call_from, call_to, tel)
```

呼び出す側には「# 伝言の文面を作成する」などというコメントはいりません。**make_message**という関数名自体が「文面を作成する」という意味を説明しているからです。

これで、電話伝言メモ作成プログラム（**tel_message.py**）は**リスト7.4**のようになります。

▼リスト7.4　リスト7.3を関数で読みやすく

```
from datetime import datetime
from pathlib import Path


def make_message(called_at, company, call_from, call_to, tel):
    # 伝言の文面を作成する
    message = (
        f"件名:【電話伝言メモ】{company} {call_from}様\n"
        f"\n{call_to}さん\n"
        f"\n{called_at:%H:%M}頃{company}の{call_from}様よりお電話がありました。\n"
        "折り返しをお願い致します。\n"
        f"TEL: {tel}"
    )
    return message


# 必要項目の取得
called_at = datetime.now()

company = input("どこの会社から？:")
call_from = input("誰から？:")
call_to = input("誰宛て？:")
tel = input("相手先の電話番号:")

message = make_message(called_at, company, call_from, call_to, tel)
print(message)

# 伝言の文面をファイルに出力する
file_path = Path("tel_message.txt")
file_out = file_path.open("w")
file_out.write(message)
file_out.close()
```

関数にドキュメントを書こう

リスト7.4では、次のように、関数の先頭にコメントを書いて関数の説明を書いていました。

```
def make_message(called_at, company, call_from, call_to, tel):
    # 伝言の文面を作成する
```

この書き方でも問題ありませんが、関数には説明書きをするための専用の書き方があります。関数の説明を**ドキュメント**と呼びます。ドキュメントは**docstring**と呼ばれる記法で書きます。

docstringを書くときは、関数の先頭で`"""`（三連ダブルクオート）によって文字列を囲います。先ほど作った関数`make_message`にdocstringを書いてみましょう。

```
def make_message(called_at, company, call_from, call_to, tel):
    """伝言の文面を作成する"""
    message = (
        ◀以下省略
```

コメントとdocstringで説明が重複するのでコメントは削除します。

関数の説明をもっと詳細に書こう

前項のdocstringでも十分な説明になっていますが、docstringにはもっと詳しい説明を書くこともできます。

docstringは複数行で書くことができます。docstringを複数行で書く場合の書き方は習慣的に形式が決まっています。以下が習慣に従ったdocstringの例です。

```
def make_message(called_at, company, call_from, call_to, tel):
    """伝言の文面を作成する

    例:
    >>> called_at = datetime.now()
    >>> message = make_message(called_at, "A社", "田中", "山田", "03-0000-0000")
    '件名:【電話伝言メモ】A社 田中様...'

    :param called_at: 電話のあった時刻
    :param company: どの会社から
    :param call_from: 誰から
    :param call_to: 誰へ
    :param tel: 相手の電話番号
    :return: 伝言の文面
    """
    message = (
        ◀以下省略
```

まず、"""の直後に関数の概要を1行で説明します。次に1行空行を挿入します。その次の行から、さらに詳しい説明を追記します。ここでは関数の使い方を書いていますね。最後に、関数の引数と返り値の説明を書きます。引数の説明は「**:param 引数名: 説明**」という形式で引数の順番に合わせて書きます。返り値の説明は「**:return: 説明**」という形式で書きます。

このように細かい情報を書いておけば、docstringを読んだだけで、関数はどのような目的で作られていて、どのように呼び出せば、どのような結果が得られるかを知ることができます。つまり、必要になるまでは関数の中身のプログラムを読まなくても、プログラムの全体が見通せるということを意味しています。

docstringを細かく書くことは大変に思うかもしれません。しかしメリットも大きいので、なるべく書くようにしましょう。

複数の値を返す関数を作ろう

次は「必要項目の取得」を関数にしましょう。必要項目の取得する処理では**called_at**、**company**、**call_from**、**call_to**、**tel**という5つの値を変数に代入しています。

このようなときは複数の値を返す関数を作ると良いです。次のようにreturn文で値をカンマ区切りにすることで、複数の値を返すことができます。

```
return 返り値1, 返り値2, 返り値3
```

このように書いたときは呼び出す側も同じ数の変数をカンマで区切って代入しなければならないことに注意してください。

```
a, b, c = 関数名()
```

この書き方を使って**input_required_items**という関数を作ります。この関数には引数はありません。5つの値を返すので、呼び出す側は5つの変数をカンマで並べた代入文を書きます。

```
called_at, company, call_from, call_to, tel = input_required_items()
```

その結果、プログラムはリスト7.5のようになります。

▼ リスト7.5　リスト7.4を関数とdocstringで読みやすく

```
from datetime import datetime
from pathlib import Path


def input_required_items():
    """必要項目を取得します

    :return: いつ, どの会社から, 誰から, 誰宛に, 相手先の電話番号
    """
    called_at = datetime.now()

    company = input("どこの会社から？:")
    call_from = input("誰から？:")
    call_to = input("誰宛て？:")
    tel = input("相手先の電話番号:")

    return called_at, company, call_from, call_to, tel
```

```
def make_message(called_at, company, call_from, call_to, tel):
    """伝言の文面を作成する

    例:
    >>> called_at = datetime.now()
    >>> message = make_message(called_at, "A社", "田中", "山田", "03-0000-0000")

    :param called_at: 電話のあった時刻
    :param company: どの会社から
    :param call_from: 誰から
    :param call_to: 誰へ
    :param tel: 相手の電話番号
    :return: 伝言の文面
    """
    message = (
        f"件名:【電話伝言メモ】{company} {call_from}様\n"
        f"\n{call_to}さん\n"
        f"\n{called_at:%H:%M}頃{company}の{call_from}様よりお電話がありました。\n"
        "折り返しをお願い致します。\n"
        f"TEL: {tel}"
    )
    return message


called_at, company, call_from, call_to, tel = input_required_items()
message = make_message(called_at, company, call_from, call_to, tel)
print(message)

# 伝言の文面をファイルに出力する
file_path = Path("tel_message.txt")
file_out = file_path.open("w")
file_out.write(message)
file_out.close()
```

練習

最後に残った「伝言の文面をファイルに出力する」部分も、関数に切り出しましょう。これはみなさんの練習問題とします。リスト7.6に答えを掲載しますが、まずはみなさんの手でやってみてください。

[解答]

▼リスト7.6　リスト7.5から最後の処理も関数に

```
from datetime import datetime
from pathlib import Path


def input_required_items():
    """必要項目を取得する
```

```
    :return: いつ, どの会社から, 誰から, 誰宛に, 相手先の電話番号
    """
    called_at = datetime.now()

    company = input("どこの会社から？:")
    call_from = input("誰から？:")
    call_to = input("誰宛て？:")
    tel = input("相手先の電話番号:")

    return called_at, company, call_from, call_to, tel


def make_message(called_at, company, call_from, call_to, tel):
    """伝言の文面を作成する

    例:
    >>> called_at = datetime.now()
    >>> message = make_message(called_at, "A社", "田中", "山田", "03-0000-0000")

    :param called_at: 電話のあった時刻
    :param company: どの会社から
    :param call_from: 誰から
    :param call_to: 誰へ
    :param tel: 相手の電話番号
    :return: 伝言の文面
    """
    message = (
        f"件名:【電話伝言メモ】{company} {call_from}様\n"
        f"\n{call_to}さん\n"
        f"\n{called_at:%H:%M}頃{company}の{call_from}様よりお電話がありました。\n"
        "折り返しをお願い致します。\n"
        f"TEL: {tel}"
    )
    return message


def output_file(message):
    """伝言の文面をファイルに出力する

    :param message: 伝言の文面
    """
    file_path = Path("tel_message.txt")
    file_out = file_path.open("w")
    file_out.write(message)
    file_out.close()


called_at, company, call_from, call_to, tel = input_required_items()
message = make_message(called_at, company, call_from, call_to, tel)
print(message)
output_file(message)
```

関数への切り出しを終えて気づくことを確認しよう

さて、関数への切り出しが終わりました。切り出しが終わったあとで、import文と関数定義文以外のコードを見てみましょう。

```
called_at, company, call_from, call_to, tel = input_required_items()
message = make_message(called_at, company, call_from, call_to, tel)
print(message)
output_file(message)
```

どうでしょうか？　これだけを見れば、わざわざコメントを書かなくても、プログラムそのものが「必要項目の取得」「伝言の文面を作成する」「伝言の文面をファイルに出力する」という固まりごとのステップであることを語っていますね。それぞれの固まりで何をしているかはそれぞれの関数定義を読めば良いでしょう。このようにすることでプログラムは大きくなっても見通しが良くなるのです。

column 関数を作るときに気をつけること

関数を作れるようになると、いろいろな処理を関数として切り出すことができてとても便利です。便利な手法を覚えると、どこにでもそれを応用したい気持ちになります。このような心境を「ハンマーを持つとなんでも釘に見える」と言います。「関数を覚えると、なんでも関数にしたくなる」と言い換えることができるでしょう。

とはいえ、ハンマーで叩けば壊れてしまうものがあるように、関数も使い方しだいでは不便なものになってしまいます。関数を作るときは、以下の2点に気をつけましょう。

(1) 1つの関数は1つの目的を果たすようにする

関数の目的は、1つに絞るようにしましょう。関数名やdocstringから想像できない働きを持たせるべきではありません。たとえば、電話伝言メモ作成プログラムのmake_message関数の目的は、関数名から読み取れるように「文面を作ること」です。この関数に「電話相手の名前と電話番号を保存する」という処理があったとしたら、そのmake_message関数を使うプログラマーは驚いてしまうでしょう。関数の働きや目的は関数名やdocstringから乖離《かいり》しないようにしましょう。

(2) 1つの関数は1画面に収まるようにする

関数はできるだけ長くならないようにしましょう。数百行を超えるような関数を書いてしまったなら、処理を見なおしていくつかの関数に分けることを考えるべきです。長い関数は処理の見通しが悪く、想定しない動作をしたときに原因を探すのが難しくなります。また、長い関数は単純に読むのが大変ということもあります。読みやすさやメンテナンスのしやすさを向上させるためにも、1つの関数は最大でもテキストエディタの画面に収める範囲に留めることを心がけましょう。

7.5 モジュール化して関数の動作を個別に確認しよう

前節でプログラムを関数に分割し、全体の見通しが良くなりましたね。しかし、このままではまだ、プログラムを実行するときは全体を一度に実行するしかありません。せっかく関数に分割したのだから、ひとつひとつの関数ごとに実行してみたくなるでしょう。

そういったときは、プログラムの**モジュール化**を行います。モジュールとは、第6章で学んだライブラリの中に含まれるもので、関数や型をまとめたものです。

Pythonの標準ライブラリには**datetime**、**pathlib**、**random**などのモジュールがあります。モジュールを使うにはimport文を使うと学びましたね？

```
from モジュール名 import 名前
```

プログラムを書いた、拡張子**.py**のファイルをモジュールにするのがモジュール化です。この節では、ここまで作ってきた**tel_message.py**をモジュール化してみましょう。

プログラムを直接インポートすると起こる問題を体験しよう

モジュール化は簡単です。というより、何もする必要もありません。対象の**.py**ファイルがカレントディレクトリにあれば、そのファイルの**.py**を取り除いた部分をモジュール名としてimport文に指定できます。

今回は**tel_message.py**ですので、次のように書くことで**tel_message.py**の中の関数を呼び出せるようになります。

```
from tel_message import 関数名
```

これは対話モードでもできるので、さっそく試してみましょう。まずは**python**コマンドで対話モードを立ち上げます（macOSを使用している場合は**python3**を使います。以降も同様です）。

```
> python
```
macOSの場合はpython3

それでは**make_message**関数をインポートしてみましょう。

```
>>> from tel_message import make_message
どこの会社から？:
```

make_message関数をインポートしたはずですが「どこの会社から？」を入力するメッセージが表示されてしまいました。これは意図した動きとは違いますね。

このようなときはCtrl＋c（macOSの場合はControl＋c）を押したあと、quit()と打ち込んで対話モードを抜けましょう。

```
>>> from tel_message import make_message
どこの会社から？:Traceback (most recent call last):
File "<stdin>", line 1, in <module>
File "/Users/susumuis/programming/py-practice/tel_template/tel_message.py", line 43, in <module>
    called_at, company, call_from, call_to, tel = input_required_items()
                                                  ^^^^^^^^^^^^^^^^^^^^^^
File "/Users/susumuis/programming/py-practice/tel_template/tel_message.py", line 12, in input_required_items
    company = input("どこの会社から？:")
              ^^^^^^^^^^^^^^^^^^
KeyboardInterrupt
>>> quit()
```

対話モードを抜けて、通常のプロンプト（>や%など）に戻ったことを確認したら次の項に進みましょう。

プログラムを直接インポートをしたら起こる問題の原因を知ろう

先ほどはなぜ、インポートしたら「どこの会社から？」を入力するメッセージが表示されてしまったのでしょうか？　それは、import文には「はじめて呼び出したとき、対象のモジュールのプログラムを実行する」という仕様があるからです。先の例ではtel_message.pyが実行された状態と同じことになります（その結果、ファイル内で定義したmake_messageなどの関数も使えるようになるということです）。

この仕様のため、tel_message.pyをインポートをすると、関数の外側にある以下の文が実行されてしまいます。

```
called_at, company, call_from, call_to, tel = input_required_items()
message = make_message(called_at, company, call_from, call_to, tel)
print(message)
output_file(message)
```

この4行は、python tel_message.pyのようにコマンドから実行したときに実行してほしい処理です。しかし、インポートしたときには実行してほしくありません。

それを実現するのが以下のif文です。これはPythonでは有名なイディオム(コードのパターン)ですので覚えておきましょう。

```
if __name__ == "__main__":
```

このif文で使用している`__name__`という変数は、代入文で定義することなく使える特殊な変数です。

この変数は、現在の.pyファイルが`python tel_message.py`のように呼び出したプログラムファイル自体のときは、`"__main__"`という特殊な値になることがPythonの仕様として定められています。

一方、インポートしたときはモジュール名が`__name__`に割り当てられます。以下の場合は`"tel_message"`という文字列が割り当てられてます。

```
from tel_message import make_message
```

この動きを利用して、上記のif文の中に「インポートしたときは実行してほしくない」文を含めてしまえば、先ほどのようにインポートで「どこの会社から?」と入力を求められることを防げます。

```
if __name__ == "__main__":
    called_at, company, call_from, call_to, tel = input_required_items()
    message = make_message(called_at, company, call_from, call_to, tel)
    print(message)
    output_file(message)
```

せっかくですので、if文の中の4行も`main`という名前の関数に切り出してしまいましょう。

```
def main():
    """電話伝言メモ作成のメイン処理"""
    called_at, company, call_from, call_to, tel = input_required_items()
    message = make_message(called_at, company, call_from, call_to, tel)
    print(message)
    output_file(message)

if __name__ == "__main__":
    main()
```

このように変更した`tel_message.py`を保存したら、もう一度インポートを試みてみましょう。今度は「どこの会社から?」と聞かれることなく、`make_message`関数を対話モードから直接呼び出せるはずです。

```
>>> from datetime import datetime
>>> from tel_message import make_message
>>> print(make_message(datetime.now(), "A社", "山田", "佐藤", "03-0000-0000"))
件名:【電話伝言メモ】A社 山田様

佐藤さん

16:48頃A社の山田様よりお電話がありました。
折り返しをお願い致します。
TEL: 03-0000-0000
```

これで、関数を個別に呼び出すことができました。

7.6 電話伝言メモ作成プログラムを改良しよう

前節までのように、プログラムを関数に切り出したり、モジュールとして呼び出したりすることで、プログラムの見通しが良くなるだけでなく、安心して改良ができるようになります。改良が必要な箇所を見つけ、部分的に修正すれば良いからです。

この節では次の2つの改良を行っていきましょう。

(1) with文を使って**output_file**関数をより簡潔にする
(2) ファイル名が毎回変わるようにする

(1) はこれから学ぶwith文という新しい文法を使ってプログラムをさらに簡潔にします。動作を変えずにより見やすくすることを**リファクタリング**と呼びます。この章でここまで行ってきたことはすべてリファクタリングでした。プログラムを学習していると、今まで知らなかった文法や関数を知ることがあるので、そんなとき、以前作ったプログラムをリファクタリングしてみると良いでしょう。

(2) は機能追加です。簡潔に書かれたプログラムであれば、機能を追加することも簡単にできます。

with文を使ってファイルのopen/closeを簡潔に書こう

Pythonでファイルを扱うときは**open**メソッドによってファイルを開き、**close**メソッドによってファイルを閉じると学びました(詳しくは第6章を参照してください)。

しかし、毎回開いたり閉じたりすることを意識するのは大変だと思いませんか？　うっかり忘れてしまいそうだと思いませんか？　筆者は忘れっぽい性格ですので、このような「決まりごと」は忘れてしまわないかいつも心配になります。

そんな人のために、Pythonには**with文**という文法が用意されています。with文を使うことで、**close**メソッドを使わなくても、開いたファイルを自動的に閉じることができます。

with文を使ってファイルを扱うときは次のように書きます。

```
with 対象のファイルを示すPath型の値.open(モード) as ファイル変数:
    ファイル変数を使った処理
```

ファイルを扱う処理をインデントの中に含めることで、インデントを抜けたときに自動的に対象のファイルを閉じることを明示できます。**tel_message.py**の**output_file**関数をwith文を使って書き換えてみましょう。

```
def output_file():
    """伝言の文面をファイルに出力する

    :param message: 伝言の文面
    """
    file_path = Path("tel_message.txt")
    with file_path.open("w") as file_out:
        file_out.write(message)
```

もともと4行だった**output_file**の中の処理が3行になりました。このようにwith文を使うことで閉じ忘れの防止だけでなく、行数を1つ減らせることもメリットです。ほとんどの場合、ファイルを扱うときは**close**メソッドを個別に呼び出すのではなく、with文を使うほうが良いでしょう。

さて、今回の修正はあくまで**output_file**関数のみにとどまる修正です。つまり**output_file**がうまく動くかどうかだけを確かめれば、プログラム全体も正しく動くと言えるはずです。対話モードを使って、さっそく確認しましょう。

インポートしたモジュールのプログラムを修正したときは、quit()で対話モードを終了してから起動しなおしてください。そうしないと、前回インポートしたプログラムが記憶されていて、変更が反映されません。

```
>>> quit()
```

対話モードを再び起動しましょう。

```
> python  ◀ macOSの場合はpython3
```

そして、**output_file**関数をインポートして適当な引数で関数を呼び出したら、`quit()`で対話モードを抜けましょう。

```
>>> from tel_message import output_file
>>> output_file("hello, world")
>>> quit()
```

tel_message.txtを開いて確認すると、内容が「hello, world」になっているはずです。**output_file**関数の動きは問題なさそうですね。

修正した関数の動作が問題ないことを確認したら、電話伝言メモ作成プログラムを実行して、動作を確認しましょう。

```
> python tel_message.py  ◀ macOSの場合はpython3
どこの会社から？:株式会社○×△
誰から？:鈴木
誰宛て？:山田
相手先の電話番号:03-3000-1234
件名:【電話伝言メモ】株式会社○×△ 鈴木様

山田さん

10:15頃、株式会社○×△の鈴木様よりお電話がありました。
折り返しをお願い致します。
TEL: 03-3000-1234
```

ファイル名が毎回変わるようにする

今のプログラムでは、電話伝言メモは**tel_message.txt**というファイルに上書きされます。新しくプログラムを実行すると、その前の内容は消えてしまいます。前の文面が消えては困ることもあるでしょう。

そこで、毎回出力するファイル名を変えるようにして、前のファイルを上書きしないようにしましょう。ファイル名には、作成日時を付けることにします。たとえば、**tel_message_2022-10-28_1745.txt**のようなファイルを作成します。

今回も関数**output_file**が修正対象です。以下の文の**Path("tel_message.txt")**という部分で指定しているファイル名を、今回の目的のファイル名に書き換えれば良いです。

```
file_path = Path("tel_message.txt")
```

修正したコードは以下のとおりです。

```
created_at = datetime.now()
file_name = f"tel_message_{created_at:%Y-%m-%d_%H%M}.txt"
file_path = Path(file_name)
with file_path.open("w") as file_out:
    file_out.write(message)
```

このままでも良いですが、**file_name**を作る部分を関数にしておくと、さらに見通しが良くなります。新たに**build_filepath**という関数を作成しましょう。

```
def build_filepath():
    """出力先のファイルパスを組み立てる

    :return: 組み立てたファイルパス
    """
    created_at = datetime.now()
    file_name = f"tel_message_{created_at:%Y-%m-%d_%H%M}.txt"
    return Path(file_name)
```

ここで、返り値を**Path**型の値にしていることがポイントです。そのメリットはあとでわかります。続いて**output_file**からは次のように呼び出すようにします。

```
with build_filepath().open("w") as file_out:
    file_out.write(message)
```

この例では**build_filepath**関数の返り値は一度しか使わないので、わざわざ変数**file_path**に割り当てず、そのまま**.**と続けて**open**メソッドを呼び出しています。

このように、関数の返り値の属性やメソッドにアクセスしていく書き方はプログラムを簡潔に書けるテクニックですので活用していきましょう。

◆ ◆ ◆

本章では、たくさんのことを学んだのでここで一度おさらいしましょう。

(1) ソースコードの意図を伝えるコメントを書く
(2) f-stringを使って文面の生成を簡潔に書く
(3) 関数定義文を使って関数を作成する
(4) 関数にはdocstringを使ってドキュメントを書く

(5) プログラムをモジュール化して関数を個別に呼び出せるようにする
(6) with文を使ってファイルを開く、閉じる処理を簡潔に書く

これらのテクニックは今後プログラムを書いていくうえで役に立つでしょう。

7.7 完成したプログラムと元のプログラムを比べてみよう

完成したプログラムはリスト7.7のとおりです。

▼リスト7.7　リスト7.6に「モジュール化」「with文」「ファイル名が毎回変わる」を反映

```
from datetime import datetime
from pathlib import Path


def input_required_items():
    """必要項目を取得する

    :return: いつ, どの会社から, 誰から, 誰宛に, 相手先の電話番号
    """
    called_at = datetime.now()

    company = input("どこの会社から？:")
    call_from = input("誰から？:")
    call_to = input("誰宛て？:")
    tel = input("相手先の電話番号:")

    return called_at, company, call_from, call_to, tel


def make_message(called_at, company, call_from, call_to, tel):
    """伝言の文面を作成する

    例:
    >>> called_at = datetime.now()
    >>> message = make_message(called_at, "A社", "田中", "山田", "03-0000-0000")

    :param called_at: 電話のあった時刻
    :param company: どの会社から
    :param call_from: 誰から
    :param call_to: 誰へ
    :param tel: 相手の電話番号
    :return: 伝言の文面
    """
    message = (
        f"件名:【電話伝言メモ】{company} {call_from}様\n"
```

```
        f"\n{call_to}さん\n"
        f"\n{called_at:%H:%M}頃{company}の{call_from}様よりお電話がありました。\n"
        "折り返しをお願い致します。\n"
        f"TEL: {tel}"
    )
    return message


def build_filepath():
    """出力先のファイルパスを組み立てる

    :return: 組み立てたファイルパス
    """
    created_at = datetime.now()
    file_name = f"tel_message_{created_at:%Y-%m-%d_%H%M}.txt"
    return Path(file_name)


def output_file(message):
    """伝言の文面をファイルに出力する

    :param message: 伝言の文面
    """
    with build_filepath().open("w") as file_out:
        file_out.write(message)


def main():
    """電話伝言メモ作成のメイン処理"""
    called_at, company, call_from, call_to, tel = input_required_items()
    message = make_message(called_at, company, call_from, call_to, tel)
    print(message)
    output_file(message)


if __name__ == "__main__":
    main()
```

このプログラムを、第6章の最後に書いたプログラム(リスト6.8)と比べてみましょう。「プロっぽい！」と感じたのではないでしょうか？

修正後のプログラムは以下の点で修正前のプログラムよりも優れています。

- 処理が関数によって分割されている
- 各関数にはドキュメントが書かれていてどのように動作するかわかりやすい
- モジュールとして各関数を個別に実行することができる

当初の「不格好なプログラム」と比べたら「読みやすいプログラム」だと言えるでしょう。ただし、「最初から読みやすいプログラムを書くことは必ずしも正解ではない」ということも知っておくべきです。

プログラムを書くことは試行錯誤の連続です。最初から整然とした「かっこいい」プログラムを書こうとすると試行錯誤ができないため、結局プログラムが書けないでしょう。ですから、はじめは不格好でも良いのです。

大事なことは、章のはじめのプログラムから、章の終わりの状態にまでプログラムを改善する手段を知っているということです。この章でみなさんは「不格好なプログラム」から「読みやすいプログラム」へ改善する方法を学びました。もう「不格好なプログラム」に悩む必要はありません。改善方法に不安を覚えたときは本章を読み返しましょう。

column プログラムを書くにあたっての7つのアドバイス

プログラミングの文法やライブラリを学んだら、自分でプログラムが作ってみたくなるでしょう。自分でプログラムを書いてみることは、プログラミングの学習のためにとても良いことです。ここでは、プログラムを書くときに守ってほしい、7つのアドバイスをします。

アドバイス1：少しずつ動かして動きを確認しながら作る

プログラムを作るとき、最後まで完成させてからはじめて動かすということはほとんどありません。プログラムは少しずつ書いて、動きを確認しながら完成させていくものです。第6章と本章ではその様子がわかるように説明を行いました。普段プログラミングをするときも、同じようにステップバイステップで書いていきましょう。

アドバイス2：バージョン管理をする

プログラムを変更したら履歴を記録しましょう。たとえば、プログラムのファイル名をhogehoge.pyとしたらhogehoge.v1.pyのような名前でコピーします。hogehoge.v1.pyがすでにあったらhogehoge.v2.py、hogehoge.v3.pyのようにカウントアップしていきます。そしてversion.txtというテキストファイルを作って、次のように、どのバージョンでどのような状態だったかをメモしましょう。

```
v1    2020/02/09 10:15
固定のディレクトリ名でリネームできるようにした

v2    2020/02/09 12:00
リネームするディレクトリ名をユーザーが入力できるようにした

v3    2020/02/10 18:00
ファイルが0個だとエラーが出たので出ないように修正した
```

このように、プログラムの変更履歴を管理することをバージョン管理と呼びます。バージョン管理をしておけば、どのようにプログラムを作っていったのか振り返ることができますし、プログラムがうまく動かないときに過去のバージョンに戻すことができます。

「プログラムをどのように変更していったか」という履歴は大事な資産です。プロの開発現場ではGitなど専用のバージョン管理ツールが使われます。専用ツールは高機能で、使いこなすには学習が必要ですが、いずれ使うことをお勧めします。まずは手作業でバージョン管理をやってみましょう。

アドバイス3：うまくいかなかったら、どこからうまくいかなくなったか切り分ける

「本に書かれたとおりに書いたのにうまくいかなかった」ということはよくあります。そのときの行動として「目を皿のようにしてどこを間違えたのか1字ずつ確認する」というのは良い行動ではありません。

ではどうすれば良いかというと「どこまでなら動いていたか」「どうしたら動かなくなったか」を切り分けることです。プログラムは文を順番に実行するので「この行まではうまくいった」「ここから先がうまくいかなかった」という箇所が必ずあります。問題の解決とは、この「ここから動かなかった」という原因の箇所を突き止めることから始めます。

原因の箇所を突き止めるにはprint関数を使って変数の値を出力してみる方法を使ったり、プログラムの一部をコメントアウトしたりすると良いでしょう。また、「アドバイス2」のバージョン管理をしていれば、うまくいった古いバージョンと比較することで原因を見つけることもできるでしょう。

アドバイス4：エラーメッセージが出たらよく読む

プログラムを書いて動かすと、エラーメッセージに遭遇することもあるでしょう。そんなときは単に「エラーが出た」と考えるのではなく、エラーメッセージの内容をよく読みましょう。エラーメッセージは英語で書かれていますが、それは難しい英語ではありません。もし英語が苦手なら翻訳サイトを利用しても良いでしょう。

エラーメッセージには行番号が書かれているので、原因突き止めの手がかりの1つになります。たとえば、次のようなエラーメッセージが出たとします。

```
  Traceback (most recent call last):
  File "/Users/susumuis/programming/py-practice/tel_template/tel_message.py", line 72, in <module>
    main()
  File "/Users/susumuis/programming/py-practice/tel_template/tel_message.py", line 68, in main
    output_file(message)
  File "/Users/susumuis/programming/py-practice/tel_template/tel_message.py", line 59, in output_file
    with build_filepat().open("w") as file_out:
         ^^^^^^^^^^^^^
NameError: name 'build_filepat' is not defined. Did you mean: 'build_filepath'?
```

エラーメッセージをよく読むとline 72、line 68、line 59のような行番号が書いてありますね。このような行番号付きのエラーメッセージが出たときは、下のほうに表示された行番号から順に、プログラムのファイルの該当行を確認してみましょう。

ここではtel_message.pyの59行目を見ます。すると以下のように書いてありました。

```
with build_filepat().open("w") as file_out:
```

よく見ると、build_filepath()と書かなければならないところ、hの1文字を抜かしてしまってい

ます。そのことはエラーメッセージにも書かれていますね。

```
NameError: name 'build_filepat' is not defined. Did you mean: 'build_filepath'?
```

このように、行番号とエラーメッセージを手がかりにすれば、プログラムの間違いを比較的すぐに見つけられるでしょう。

プログラムを変更してもなおエラーメッセージが出る場合は、落ち着いて、エラーメッセージの内容が変わっていないか確認してみましょう。

エラーメッセージと仲良くなればプログラミングが楽になります。

アドバイス5：うまく動いたら改造してみる

プログラムが動いたらそれで終わりではなく、自由に改造してみましょう。プログラムを書き換えて動きがどのように変化するかを見ることは、とても良い勉強になります。自分の手でコンピュータの動きを操っている感覚を得られると、次々に新しいアイデアを試したくなるでしょう。

改造をするときには「アドバイス2」で説明したバージョン管理を忘れないようにしましょう。そして、改造して思いどおりに動かなかったり、エラーに遭遇したりしたときは「アドバイス3」で説明した問題の切り分けや「アドバイス4」で説明したエラーメッセージの読み解きをして対処していきましょう。

アドバイス6：最初は下手でも大丈夫だと考える

本章では読みやすいプログラムの書き方について説明しました。しかし、やはりはじめからうまく書くことは難しいでしょう。

まずは「不格好なプログラム」でも大丈夫です。「不格好なプログラム」でも、動くプログラムには価値があります。自信を持ってください。

自分のプログラムに自信を持ったうえで、さらにいろいろな書き方を試してみましょう。他人の書き方を参考にするのも良いでしょう。そうしていく内に徐々に自分の書き方が身についていきます。

半年後に自分のプログラムを見たときには「今ならもっとよく書ける！」と感じることでしょう。それが成長の証なのです！　みんなそうして上達します！

アドバイス7：コメントとドキュメントを書く

本章で、コメントとドキュメントについて説明しました。コメントとドキュメントが大事なことを知っていても、うっかりするとそれらを書くことを省略して、コードをどんどん書いていってしまうことがあるでしょう。しかし、コメントやドキュメントがないプログラムは、あとで読むのに結局時間がかかってしまいます。そこで、プログラムを書いていくときは、時々見なおしをして、時間が経って読み返したときに必要になりそうな情報をコメントやdocstringに書くようにしていきましょう。

第8章 アイデア実現の壁

プログラム作りの計画を立てられるようになろう

この章では、プログラミング学習第8の壁：アイデア実現の壁（何を作ったら良いかわからない）を乗り越えます。この章を読んでいるみなさんは、すでに基本的な文法を学び、いくつかのサンプルプログラムを書き写して、ある程度のプログラムの書き方はわかってきているでしょう。この段階で目の前に立ちはだかるのが、この「何を作ったら良いかわからない」という壁です。この壁が越えられないと、プログラミング「入門」の段階をいつまでも抜け出せません。この章を読むことで、この壁を乗り越えて「入門」の次の段階に羽ばたく足掛かりを作っていきましょう。

8.1 次に進むためには「きっかけ」が必要

せっかく基礎的な文法を覚えたのに「何を作ったら良いかわからない」という壁のために、次に踏み出せないのはもったいないです。なぜそのようなことが起こるのでしょうか。それは、世の入門書のほとんどが踏み出し方を教えてくれないからです。

人によっては強い意志で「これをやりたい」と思って学習を始める方もいます。あるいは、学習を進める中でやってみたいことが見つかることもあります。このような「きっかけ」をつかめないままでいると、せっかく覚えたプログラミングの文法も忘れていってしまうでしょう。そこで、何とか次に進む「きっかけ」が必要になります。

これまでのプログラミング学習では、「きっかけ」をつかむことは個人に委ねられていました。しかし、本書は「壁」を乗り越えることをお手伝いします。「きっかけ」のつかみ方を学んでいきましょう。

8.2 プログラミングとは「できること」を組み合わせていくこと

では、どうすれば次に進める「きっかけ」がつかめるのでしょうか。筆者は「作れるかも」からきっかけをつかむことをお勧めします。

プログラマーは作品を作るとき、いきなり考えなしにキーボードを叩き始めたりしません。「こうすれば、これが作れるかも」というアイデアを持ってからプログラムを作り始めます。この「作れるかも」がアイデアになります。

「作れるかも」を導き出すには「自分のできること」から出発します。プログラミングとは「できること」と「できること」を組み合わせて、今までできなかった何かを生み出すことなのです。

みなさんは、ここまでさまざまなプログラミングの文法やテクニックを学んできました。その過程で「できるようになったこと」を思い出してみましょう。

8.3 自分がプログラミングでできることリストを作ろう

「できること」を思い出すとき、具体的な方法はうろ覚えでもかまいません。その代わり、「どの本のどこに詳しく書いてあるか」を思い出せるようにしましょう。

ある程度思い出したら、リストに書き出してみましょう。リストには参考にする書籍などを書きます（完全に暗記したという場合は不要です）。たとえば、本書でプログラミングを学んだ方のリストは表8.1のようになっているでしょう。

▼表8.1　できることリストの例

できること	参考にする書籍など
数の演算や文字列の連結ができる	本書第4章
文字列の入力を受け付けることができる	本書第5章
文字列を画面に出力することができる	本書第5章
if文を使って条件分岐構造を作ることができる	本書第5章
for文を使って繰り返し構造を作ることができる	本書第5章
ファイル名を変更することができる	本書第6章
ファイルに文字列を保存することができる	本書第6章

これを「できること」リストと呼ぶことにします。今回は「数の四則演算ができる」「文字列を連結できる」もあえて書きましたが、「そんなのは当たり前」と感じることはわざわざ書かなくても良いでしょう。

8.4 UIとロジックを分けて「作れそうなもの」を考えよう

「できること」リストを作成したら、それをもとに「作れそうなもの」を考えていきましょう。「作れそうなもの」といっても、漠然としていて難しいと思うかもしれません。ここで、1つコツがあります。プログラムは**UI**と**ロジック**という2つの要素に分けて考えると良いということです。

UIとはユーザーインターフェース、すなわちプログラムを利用する人であるユーザーとプログラムの内部との「接点」のことです。具体的には、画面表示やキーボード、マウス入力のことです。

ロジック（「論理」または「論法」）とは、議論の筋道や物事の法則のことです。これからプログラムで作りたいものの中にも、ロジックがあるはずです。作りたいものの中にあるロジックがわかれば、それをプログラミング言語で表現してプログラムにできます。逆に、ロジックがわからないものはプログラムにできません。たとえば、筆者が今夜何を食べたいと思うかは、筆者の「気分」が決めているので、プログラムにはできないでしょう。

すべてのプログラムは、ロジックとUIを合わせたものです。アイデアを出すときも「作れそうなUI」と「作れそうなロジック」を分けて考えましょう。

UIに必要なのは「入力」と「出力」

まずはUIを考えましょう。UIには**入力**と**出力**の2つの機能が必要です。

入力とは、プログラムの外部からプログラムへ情報を入れることです。たとえば「ユーザーがキーボードで文字列を打ち込んで Enter キーを押すと、コンピュータが打ち込まれた文字列を命令として認識する」というような機能のことです。

出力はその逆で、プログラムからプログラムの外部へ情報を取り出すことです。たとえば「画面にメッセージを表示する」というような機能のことです。

ここでみなさんの「できること」リストを読み返しましょう。みなさんはすでに、これまでに学んだ範囲で「入力」「出力」の両方を実現できるはずです！

入力には**input**関数が使えます。ユーザーがキーボードで何か入力して Enter キーを押せばプログラムがその内容を受け取ることができます。

```
your_name = input("あなたの名前を入力してください")
```
◀あなたの(your)名前(name)

出力には**print**関数が使えます。メッセージを文字で画面に表示できます。

```
print(f"あなたの名前は{your_name}です")
```

このようなテキストメッセージとキーボード入力のみで行うインターフェースを**CUI**（Character User Interface）と呼びます。みなさんが使ってきたPowerShellやターミナル.app、Pythonの対話モードもCUIの一種です。

将来「できること」が増えれば、より豪華なUIを作ることもできます。たとえば「音声で入力する」「VRゴーグルに出力する」というようなこともプログラムで実現できます。プログラミングでかっこいい表現ができたら楽しいですよね！　今後の学習の目標にしましょう！

とはいえ、CUIもシンプルでありながら「入力」と「出力」という機能を満たします。最初はCUIで作れるものを作ってみましょう。

日常生活から「ロジック」を見つけよう

次にロジックについて考えましょう。第5章で学んだ3大制御構造を使うと、どんなに複雑なロジックでもプログラミングできます。そこで、生活の中で「ロジック」と言える法則を見つけられれば、プログラミングのアイデアになります。ただ、法則にはプログラミングしやすいものとそうではないものがあります。

まずは、プログラミングしやすいロジックは次のようなものがあります。

- 体重、身長からBMIを求める
- 距離、速度から所要時間を求める

これらは単に数式を当てはめるだけで答えを求めることができます。

- 食材の使用量からカロリーを計算する
- 買い物かごの中の商品の個数と金額、税率から消費税額を計算する

これらも、あらかじめ知っている食材のグラム数あたりのカロリーや、商品の税率をもとに計算すれば良いです。

次に、プログラミングしづらいものを示します。

- 明日の天気が晴れるかどうか当てる
- 株の取引をして利益を出す
- 私を楽しませてほしい

予想しづらいことや、人の感覚をプログラムによって満たすことは難しいです。ただし、ここでもう少し工夫すると、プログラミングしやすいロジックに変えられます。

- 外部の天気予報データを読み込み、そこに書かれた明日の天気を示す
- 公開データをもとに値動きを予想する数式を専門家に教えてもらい、その計算結果を示す
- 自分が楽しいと思う、カードゲームやボードゲームのルールをプログラムにする

難しいことを外部のサービスに任せたり、決められた数式に当てはめたり、自分の考えを誰かに示したりする形であれば、プログラミングしやすいロジックを見いだすことができます。

情報をどのように扱うかを考えよう

プログラミング言語でロジックを記述するとき、ロジックが扱う情報をプログラミング言語のデータとして表現することが必要になります。たとえばトランプであれば、プレーヤーが持っているのはどのカードかというような情報を扱います。プログラミングでデータを扱うには、文字列や数値、リストやタプルなどのデータ型と、それを指す変数を使います。扱うロジックがどのような情報を持っていて、それをどのようにしてプログラムのデータ型や変数に当てはめていくか考えましょう。

ここでは、トランプを例に説明します。トランプで扱う情報は次のようなものがあります。

- トランプのカードには2から10までの数字、またはA、J、Q、Kのいずれかが書かれている。これを「ランク」と呼ぶ
- トランプのカードには♠、♡、♣、◇という4種類のうちいずれかの絵柄が描かれている。これを「スート」と呼ぶ

よって、「ランク」と「スート」を組み合わせればカード1枚分の情報を表すことができます。

ランクのA、J、Q、Kはそれぞれ、1、11、12、13という数字で代用すれば、「ランク」は数値で表現できます。スートは♠、♡、♣、◇ですので、文字として表現しましょう。よって、数値1つと文字1つを組み合わせれば、カード1枚の情報になります。

そして、トランプではカードを1枚ではなく複数枚使って遊びます。

- トランプカードを複数束ねたものを「デッキ」と呼ぶ
- プレーヤーは何枚かのカードを「ハンド」(手札)として持っている

よって、カードを表すデータを複数まとめると「デッキ」や「ハンド」としての情報になります。

タプルを使ってカード1枚を表す

トランプのカードのように、数値1つと文字1つの組み合わせを1つのデータとして扱いたいときがあります。このようなときPythonでは**タプル**（tuple）という型を使うと便利です。

タプルはリストと同様に複数の値をまとめた値です。タプルを作るには値を**,**で区切ります。必須ではありませんが、ほぼ習慣的に**()**で囲います。

```
(値, 値, ...)
```

たとえば、次のようにすれば「スペードの1」というカードを表すことができます。

```
(1, "♠")
```

タプル値の後ろに**[]**で囲って数値を指定することで、タプルの中の値を取得できます。

```
>>> (1, "♠")[0]
1
>>> (1, "♠")[1]
"♠"
```

[0]、**[1]**のように指定する数値を**インデックス**（index）と呼びます。インデックスでは0が先頭の値を示すことに注意してください。

カードの束はタプルのリストとして表す

「デッキ」や「ハンド」のように複数のカードを束ねた情報を扱うときは、第5章で学んだリストが使えます。カード1枚はタプルですので、タプルを含めたリストということになります。

たとえば、「スペードの1」「ハートの2」「クラブのキング」という3枚のカードがあるという情報は次のように表すと良いでしょう。

```
[(1, "♠"), (2,"♡"), (13, "♣")]
```

「デッキ」や「ハンド」は何度も使います。ですので**deck**、**hand**のような変数を使って扱うと便利そうです。

「デッキ」や「ハンド」にカードを追加したり、カードを取り除いたりすることがあるでしょう。リスト型の値には**append**メソッドや**pop**というメソッドがあり、リストの末尾に要素を追加したり、リストから要素を取得して取り除いたりすることができます。

```
>>> my_hand = []  ◀ 空のリストを作成
>>> my_hand.append((1, "♠"))  ◀ 要素を末尾に追加
>>> my_hand.append((2, "♠"))
>>> my_hand.append((3, "◇"))
>>> print(my_hand)
[(1, '♠'), (2, '♠'), (3, '◇')]
>>> deck.pop(0)  ◀ 先頭の要素を取得して取り除く
(1, '♠')
>>> deck.pop(0)
(2, '♠')
>>> print(my_hand)
[(3, '◇')]
```

だんだんプログラムのイメージが浮かんできましたね。

column タプルとリストの使い分け

リストとタプルは、複数の値を束ねるという意味で似ていると言えます。しかし、それぞれ目的は異なるものです。

リストは反復構造で使うことを目的として、同種の値を束ねたものです。一方、タプルは種類の異なる値を複数まとめて1つの情報を表すことを目的として使います。また、リストは値を追加したり、削除したり、変更したりすることができますが、タプルにはそのような機能はありません。

このような特徴から、トランプでは、カード1枚をタプルで表し、カードを束ねたデッキやハンドをリストとして表すことが適していると言えるでしょう。

発展 値の交換や複数の値を返す関数ではタプルを使っていた

第4章の発展「Pythonではもっと簡単な書き方がある」では、以下のコードを使うと変数aとbの値を交換できることを紹介しました。

```
>>> a = 10
>>> b = 20
>>> a, b = b, a
```

このb, aはタプルです。代入文の右側がタプルのとき、左側にタプルの要素と同じ数の変数をカンマ区切りで並べると、それぞれの変数にまとめて値を割り当てることができます。つまり、次のような書き方も問題ありません。

```
>>> a, b = 10, 20
```

そして、複数の値を返す関数もタプルを使っています。たとえば以下のように1、2、3という3つの値を返す関数を定義したとします。

```
>>> def foo():
...     return 1, 2, 3
```

この関数は次のように、同じ数の変数に割り当てる形で呼び出すこともできます。

```
>>> a, b, c = foo()
>>> a
1
```

ここで、変数を列挙するのではなく、返り値を1つの変数に代入した場合、その変数に割り当てられた値はタプル型の値になっています。

```
>>> a = foo()
>>> a
(1, 2, 3)
```

このように、これまで自然に使っていた文法の中にタプルの値が含まれていました。

8.5 UIとロジックを組み合わせた完成形をイメージする

ロジカルなものを見つけたら、それとUIを組み合わせることでプログラムの完成形をイメージできます。今回はプログラムを書きやすいCUIを前提にUIを考えましょう。

CUIでトランプのゲームを作った場合は「あなたの手持ちのカードは(1, '♠'), (2, '♡')です。カードを引きますか？」のような対話ベースのゲームになります。ブラックジャックやポーカーのようなゲームなら成立しそうですね！

将来、UI部分をカードのグラフィックなどに置き換えれば、より楽しいゲームになりそうです。

8.6 アイデアをストックし「難易度」「優先度」をつけよう

プログラムの完成形イメージまでできたら、それをアイデアリストとしてストックしましょう。

たとえば、次のようなアイデアをストックするとします。

- CUIベースのブラックジャック
- CUIベースのポーカー
- CUIベースのRPG（テーブルトークRPGのようなもの）

すべてのアイデアをプログラミングできたら良いですが、残念ながら時間は有限です。そこで、アイデアリストの中から1つ選んで手をつけることになります。そのためには各アイデアに「難易度」と「優先度」をつけると良いです。難易度は、おおむね、入出力で扱う情報が多いほど難易度が高くなります。たとえば、トランプとRPGを比較すると、RPGのほうが扱う情報量が多いので難易度が高いでしょう。

優先度は主観ですので「おもしろそう！」「便利そう！」と思ったものは「高い」としてください。図8.1のように横軸を難易度、縦軸を優先度としたグラフを作って、それぞれのアイデアを配置してみましょう。

▼ 図8.1　アイデアのグラフ（配置はあくまで筆者の主観によるもの）

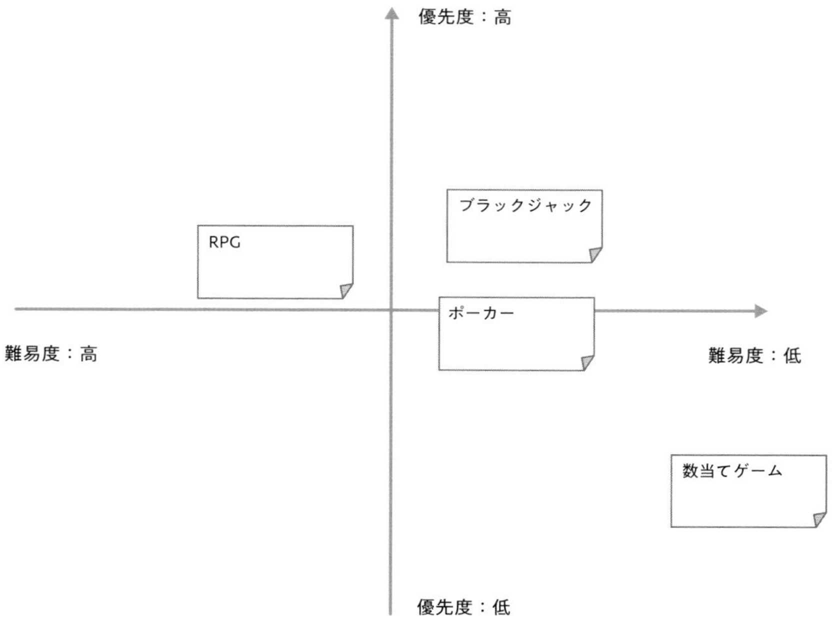

このグラフで右上に位置する「優先度が高く」「難易度が低い」ものが最初に手をつける候補になるでしょう。また、あまりに「優先度が低過ぎる」と感じたり、「優先度の割に難易度が高過ぎる」と感じたものはアイデアリストからいったん除外しても良いかもしれません。

8.7 要件定義をしてアイデアをより具体的にしよう

さあ、アイデアをさらに具体的にしていきましょう。アイデアをもとに具体的に「何を作るか」を決めることをソフトウェア開発の専門用語で**要件定義**と呼びます。

要件定義では「何を作るか」を**機能リスト**としてまとめることをゴールとします。今回はアイデアリストの中から「CUIベースのブラックジャック」を要件定義しましょう。

作るものに対して自分が詳しくなろう

要件定義に取りかかるにあたって、まずはあなた自身が、これから作るものについて詳しくなることから始めます。プログラムを作るというのは、現実世界で行われていることをプログラミング言語で表現することだからです。現実世界で行われていることが何かを知らなければ、プログラミング言語を知っていても表現できません。

今回筆者は『トランプゲーム大全』注8.1と、フリー百科事典「Wikipedia」の「ブラックジャック」の項目注8.2を参考にブラックジャックのルールを調べました。みなさんも本やWebの情報を読んで、ブラックジャックについて調べましょう。

用語集を作ろう

複数の情報源から「ブラックジャック」のルールを調べていると、用語が微妙に違うことがあります。ある情報源では「スタンド」と呼ぶものを、別の情報源では「ステイ」と呼んでいたりします。また、ルール自体が微妙に違うこともあります。

このようなことはトランプに限らず起こります。たとえば、仕事を効率化するプログラムを作ろうとして、その仕事に従事している複数の人にヒアリングすると、人によって説明するときに使う語彙が違ったり、仕事のやり方に個人個人の工夫があったりします。

しかし、プログラムは決まったルールに基づいて作るものです。ルールに揺れがある場合はそのうち1つに定めなければ作れません。ルールを定めるためには、それを説明する用語の統一が必要です。そこで、用語集を作って用語の統一を図りましょう。用語集を作るときには次に示すコツがあります。

- 「スタンド」と「ステイ」のように同じ意味に対して複数の用語がある場合は、どれを採用したのかを明らかにし、採用しなかった用語は使わない
- 1つの用語が複数の意味を持つことを避ける。もし複数の意味を持つ場合は用語を変える

注8.1）赤桐 裕二 著、スモール出版、2014、ISBN＝978-4-905158-24-0

注8.2）https://ja.wikipedia.org/wiki/ブラックジャック

- いきなり全部を完成させるのではなく、気づいたときに随時追加・更新できるようにすることが大事
- 日本語と英語両方を同時に定義する（あとでプログラミングするときに変数や関数名に使えるので）

随時追加・更新できるように、用語集は、Microsoft ExcelやGoogle Spreadsheetのような表計算ソフトで作成し随時編集すると便利です（図8.2）。

▼図8.2　表計算ソフトで用語集を作る

	A	B	C
1	日本語名	英語名	説明
2	カード	card	トランプカード。1枚のカードにはランクとスートが1つずつ割り当てられている
3	デッキ	deck	52枚のカードの束。1デッキはすべてのランクとスートの組み合わせを1回ずつ重複なくを網羅した束になっている ※「パック」とも言うが今回は使わない
4	ランク	rank	13種の番号（1、2、3、4、5、6、7、8、9、10、11、12、13 ※今回はA, J、Q、Kという表記はせず、それぞれ 1, 11, 12, 13 とする
5	スート	suit	4種の絵柄（スペード、ハート、クラブ、ダイヤ）
6	エース	ace	ランク「1」のこと

表8.2～8.4がブラックジャックの用語集の作成例です。なお、ブラックジャックでは使わないので、トランプの用語としての「ジョーカー」ははじめから考えないこととしています。

▼表8.2　トランプに関する用語

日本語	英語	説明
カード	card	トランプカード。1枚のカードにはランクとスートが1つずつ割り当てられている
デッキ	deck	52枚のカードの束。1デッキはすべてのランクとスートの組み合わせを1回ずつ重複なく網羅した束になっている ※「パック」とも言うが今回は使わない
ランク	rank	13種の番号（1、2、3、4、5、6、7、8、9、10、11、12、13） ※今回はA、J、Q、Kという表記はせず、それぞれ1、11、12、13とする
スート	suit	4種の絵柄（スペード、ハート、クラブ、ダイヤ）
エース	ace	ランク「1」のこと
シャッフル	shuffle	デッキを無作為の並びにすること

▼表8.3 ブラックジャックに関する用語

日本語	英語	説明
ディーラー	dealer	ゲームの親。ゲームを主催してプレーヤーの挑戦を受ける人
プレーヤー	player	ディーラーに挑戦する人
ハンド	hand	手持ちのカードの集まり。ディーラー、プレーヤーそれぞれがハンドを持つ
(カードを)引く	draw	デッキの一番上のカードを1枚取ってハンドに加えること
点数	point	ハンドのカードのランクをもとに計算する数値で、勝敗の判定に使う

▼表8.4 ブラックジャックのアクションに関する用語

日本語	英語	説明
アクション	action	ディーラーおよびプレーヤーの取る行動で「ヒット」または「スタンド」がある。アクションはプレーヤー、ディーラーの順で行う
ヒット	hit	デッキから1枚カードを引いてハンドに加えるアクション
スタンド	stay	カードを引かず、次回以降のアクションを行わないことを表明するアクション ※「ステイ」とも言うが今回は使わない
バスト	bust	点数が21よりも大きくなること

「今回作る」範囲を定義しよう

用語集を作ったら「今回作る」範囲を定義しましょう。

ブラックジャックのルールを調べていると、「ファイブアンダー」や「スプリット」という追加ルールがあったり、賭け金に対していくら払い戻すのかなど細かく決められてたりすることに気づきます。作りながら新たなルールに気づいたりすると「やっぱり、これも作らなければいけないんだろうか?」と不安になってしまいます。これではプログラムを完成させることができないので、「今回はこれを作る」「これは作らない」という範囲を定義します。

一般的に、一度に作る範囲は小さいほうが良いとされます。なぜならプログラムはあとから変更できるからです。最初は必要最小限の機能のみで作成し、徐々に機能を追加していきましょう。この最小限の機能のみのプログラムのことを**MVP**(Minimum Viable Product)と呼びます。MVPとは「実用最小限の製品」のことで「これがないと成立しない」機能だけを持ったプログラムです。したがって、今回はブラックジャックのMVPとして以下のものを作ることにします。

今回作る範囲:

- コンピュータがディーラー、ユーザーがプレーヤーとなって、ブラックジャックで1回対戦する機能を作る
- ブラックジャックのルールの中でゲームが成立する最小限のルールを提供する

作ることを検討したが、今回はやめると決めたことは「作らない機能リスト」として列挙しましょう。このリストはあとで役に立ちます。

作らない機能リスト：

- 3人以上で遊ぶ機能
- プレーヤーがディーラーになる機能
- 賭け金、払い戻し金の機能
- ファイブアンダー
- スプリット
- ナチュラルブラックジャック

機能リストを作ろう

作る範囲を定義したら、その範囲を満たすために必要な機能をリストアップします。最小限のブラックジャックに必要な機能は次の4つと定義しました。

(1) ゲーム開始時に必要な機能

- デッキをシャッフルする
- デッキからプレーヤーハンド、ディーラーハンドにカードを2枚ずつ配る
- ユーザーはディーラーハンドの1枚めと、プレーヤーハンドの2枚を見ることができる

(2) プレーヤーアクションをユーザーが入力する機能

- ユーザーの選択に基づいてヒットまたはスタンドの動作を行う
- アクションの中でプレーヤーがバストしたら「あなたの負け」と表示してゲームを終了する

(3) ディーラーアクションを自動で行う機能

- 以下の条件で、ヒット、スタンドの動作を行う
    - 点数が16以下では必ずヒットする
    - 17以上では必ずスタンドする
- アクションの中でディーラーがバストしたら「ディーラーの負け」と表示してゲームを終了する

(4) 勝敗判定を行う機能

- プレーヤー、ディーラーそれぞれの点数を計算する
- プレーヤーの点数がディーラーの点数を上回ったら「あなたの勝ち」と表示してゲームを終了する

- プレーヤーの点数がディーラーの点数と一致したら「引き分けです」と表示してゲームを終了する
- プレーヤーの点数がディーラーの点数を下回ったら「あなたの負け」と表示してゲームを終了する

この4つの機能を(1)から(4)まで順番に行えば「コンピューターがディーラー、ユーザーがプレーヤーとなって、ブラックジャックで1回対戦する機能を作る」「ブラックジャックのルールの中でゲームが成立する最小限のルールを提供する」という、範囲を満たしていますね。

これで機能リストができました。機能リストができれば要件定義終了です。

発展

プログラムは「ソフトウェア」

ここで、プログラムの大事な特徴を知っておきましょう。プログラムはソフトウェアであるということです。

ソフトウェアとはハードウェアの対義語です。ハードウェアとは、コンピュータを構成する物理的な装置のことです。物理的な装置には金属やプラスチックなどの原材料があり、製造するのに資源やエネルギーを必要とします。一度作ったら作りなおすことは困難ですので「硬い」、すなわちハードウェアなのです。

ソフトウェアの特徴はその逆です。「柔らかい」、すなわち一度作ったあとの変更が容易だという特徴があります。このことが、一般的な「ものづくり」とは少し違う側面を示します。まずMVPを作って、徐々に改良するという方針が良いとされるのはその1つです。

8.8 プログラムの設計をしよう

要件定義によって「何を作るか」を決めたら、次にすることは**設計**です。設計とは「どうやって作るか」を考えることです。要件定義によって作成した機能リストをどのような方法で実現するかを考えましょう。

設計の目的は2つ

設計には2つの目的があります。

1つめは「きれいなプログラム」を書くための準備をすることです。ここで言う「きれいなプログラム」とは、全体の見通しがよく、どのような動作をするか読み解きやすいプログラムのことです。きれいなプログラムはバグが起きづらく、もしバグが起きても原因がわかりやすく直しやすいです。また、あとから機能追加や変更がしやすいというメリットもあります。

2つめは「使いやすいプログラム」を作ることです。ユーザーに触れる部分はプログラムの中でも比較的作りづらい部分です。しかし、プログラムを作る前にある程度イメージが可能な部分でもあります。そのため、作ってしまってから「これは使いづらい」と後悔して何度も作りなおすより、設計段階である程度考えておいたほうが良いでしょう。

設計に必要な3つの概念

「きれいなプログラム」そして「使いやすいプログラム」を作るために、設計では次の3つのことを考えます。

- フロー
- データ
- UI

このうち「フロー」と「データ」は「きれいなプログラム」に相当し、「UI」は「使いやすいプログラム」に相当します。

フロー（flow）とは「流れ」のことです。ここではプログラムが開始してから終了するまでの流れをフローと呼びます。アイデアを考える際に「ロジック」という言葉を使ったのを覚えていますか？プログラムで表そうとしているロジックを「流れ」に着目して表すのがフローです。

データとUIについてはすでにアイデアの段階で考えています。ここではアイデアを考える段階よりもさらに細かく、より具体的なプログラムの動作をイメージしながら考えていきます。

フローを考えよう

それではブラックジャックのフローを考えましょう。フローは第5章で学んだ3大制御構造を使って表すことができます。3大制御構造は次の3つの構造です。

- 順次構造
- 分岐構造
- 反復構造

この制御構造によってフローを考えるときは、プログラムにいきなり書くのではなく、図にして考えると便利です。ここでは**フローチャート**という図を紹介します。フローチャートは図8.3のような図形を矢印でつないで描く記法です。

▼図8.3 フローチャートの主な記法

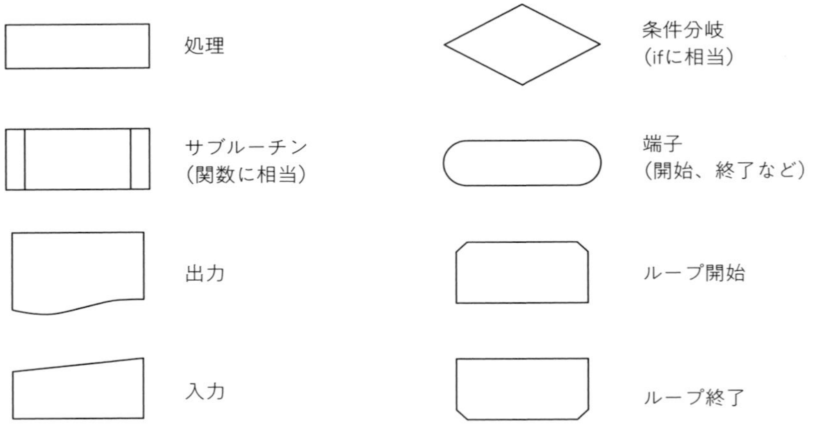

フローチャートの記法が3大制御構造に関連していることがわかるでしょう。たとえば図8.4は、入力した年が閏《うるう》年かどうかを判定するプログラムのフローチャートです。

▼図8.4 閏年かどうかを判定するプログラムのフローチャート

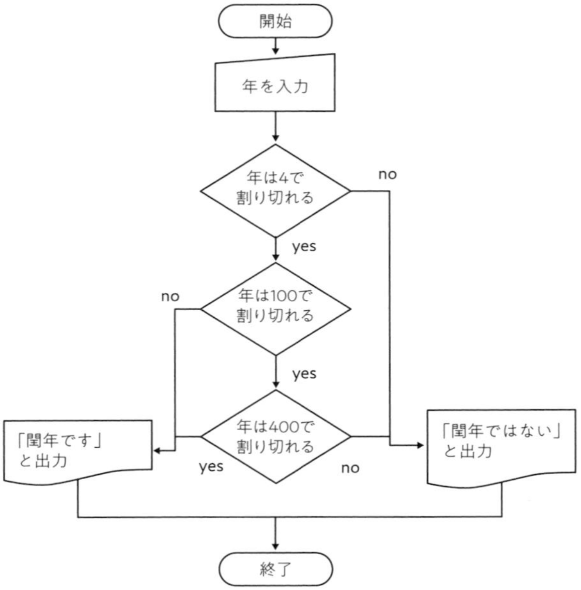

雰囲気はわかりましたか？　それではさっそく、ブラックジャックのフローチャートを描いていきましょう。

フローチャートは段階的に詳細化しよう

フローチャートを描くといっても、いきなりプログラム全体のフローチャートを描いたりはしません。フローチャートでは細かいことを後回しにして大まかな流れを書いていきます。そのときに使うのが「サブルーチン」（左右を二重にした箱）です。サブルーチンを使って大まかなレベルから段階的にフローチャートを描いていきます。

段階的なフローチャートの作成をブラックジャックで体験しましょう。ブラックジャックのゲームのフローを描くと図8.5のようになります。

▼図8.5　ゲームの全体フロー

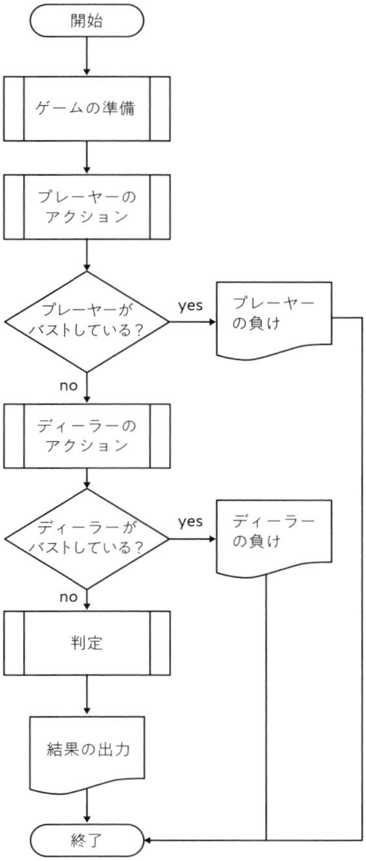

「ゲームの準備」「プレーヤーのアクション」「ディーラーのアクション」「判定」というサブルーチンのフローになりました。サブルーチンはPythonのプログラムでは関数に相当します。つまり、プログラムを書くときは「ゲームの準備」「プレーヤーのアクション」に相当する関数を作ることになります。

サブルーチンの内部の処理もフローですので、フローチャートで描くことができます。「ゲームの準備をする」サブルーチンは図8.6のようになります。

▼図8.6 「ゲームの準備をする」サブルーチンのフロー

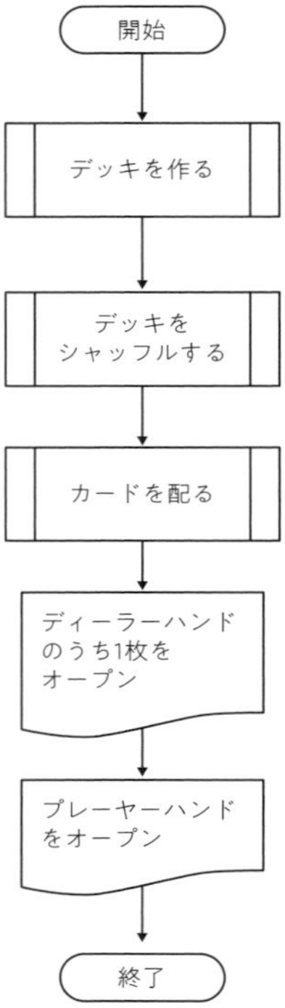

「プレーヤーのアクション」は図8.7のようになります。

▼図8.7 「プレーヤーのアクション」サブルーチンのフロー

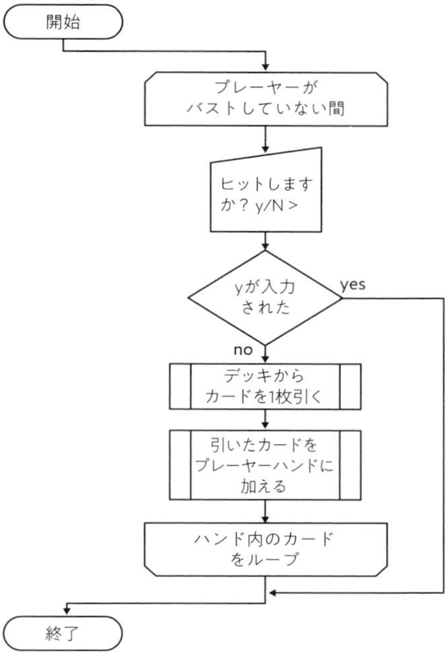

「ディーラーアクション」は図8.8のようになります。

▼図8.8 「ディーラーのアクション」サブルーチンのフロー

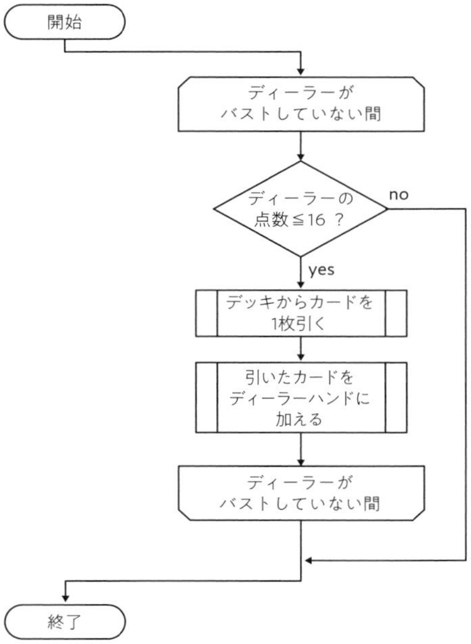

「判定」は図8.9のようになります。

▼図8.9 「判定」サブルーチンのフロー

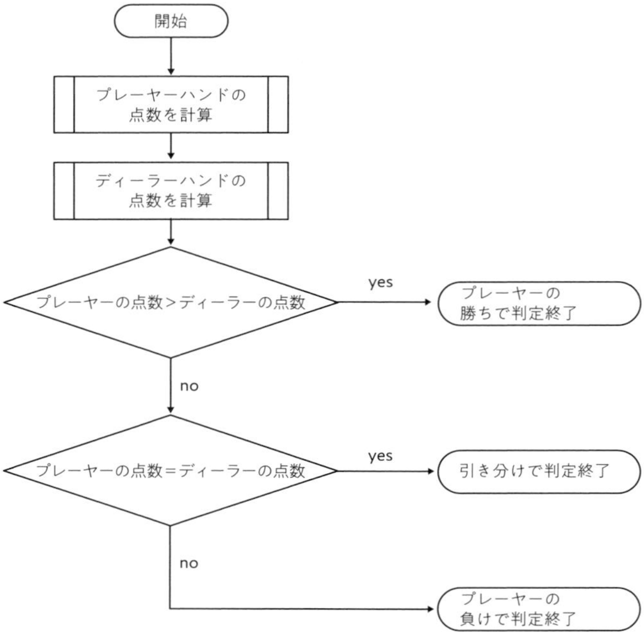

これで、プログラムの全体像が見えてきました。フローの設計はこれくらいで良いでしょう。

ブラックジャックのデータを考えよう

次にブラックジャックのデータを考えましょう。ブラックジャックで扱うデータを書き出すと次の3つがあります。

- デッキ
- ディーラーハンド
- プレーヤーハンド

デッキ、ディーラーハンド、プレーヤーハンドとはそれぞれどのようなデータでしょうか？　これらはカードが複数集まったものです。

ではカードとは何でしょうか？　カードとはランクとスートが書かれた紙です。

ランクは1から13までの数字で表すことができます（A、J、Q、Kはそれぞれ1、11、12、13で代用します)。スートは"♠"、"♡"、"♣"、"◇"という文字で表せば良いでしょう。

よって、ブラックジャックのデータ構造は次のようになります。この構造はあとで使いますので覚えておきましょう。

```
- デッキ
    - カード
        - ランク(1~13)
        - スート("♠","♡","♣","◇")
    - カード
    - カード
    - :

- ディーラーハンド
    - カード
    - カード
    - :

- プレーヤーハンド
    - カード
    - カード
    - :
```

すでに本章で、カードは`(1, "♠")`のようなタプルで表し、ハンドやデッキはリストで表すことを考えました。そのときは漠然としたアイデアでしたが、今はブラックジャックのルールをしっかり調べたあとだということが異なります。このようにデータを整理したことによって、アイデア段階の考えに間違いがなかったことを確かめられました。

UIを考えよう

最後にUIを考えます。UIについては、アイデアを作るときに、今回はCUIを使って実現することにしていました。そこで、CUIを使ってブラックジャックで遊ぶとどのようになるかを考えてみましょう。CUIではテキストによる対話によって情報の入出力を行います。

まずは、情報の出力をどうするか考えましょう。ユーザーに表示すべき情報は次の2つです。

- プレーヤーハンド
- ディーラーハンド

デッキは通常伏せているので見せる必要はありません。カード1枚はランクとスートで構成されています。ランクとスートが何かをユーザーに伝えれば、カード1枚の情報をユーザーに伝えられます。

たとえば`(1, "♠")`というタプルを`print`関数の引数に渡すと次のように出力されます。

```
(1, '♠')
```

これでユーザーにカードが「スペードのA」であるという情報を伝えられるので、今回はこの表示を採用します。

そして、プレーヤーハンドもディーラーハンドも、どちらもカードの束です。カードの束を表示するときは、束に含まれるカードを全部書き出せばユーザーに伝えられます。これも、たとえば**[(1, "♠"), (2, "♣"), (3, "♡")]**というリストを**print**関数の引数に渡すと次のように出力されます。

```
[(1, '♠'), (2, '♣'), (3, '♡')]
```

この表示でユーザーにハンド情報を伝えられます。

次に入力を考えます。ユーザーからはアクションとして「ヒット」するか「スタンド」するかを入力できるようにする必要があります。**input**関数では、`input("ヒットしますか？ y/N > ")`のように書くと、次のようなメッセージを出力してユーザーから入力を受け付けます。

```
ヒットしますか？ y/N >
```

ここで、ユーザーがキーボードで何かを入力して Enter キーを押すと、入力した文字列を**input**関数の返り値として受け取れます。

ユーザーが**y**と入力した場合は、質問に「yes」と答えたこととし「ヒット」することにしましょう。何も入力しなかったり、それ以外の文字が入力されたりした場合は「no」と答えたということで「スタンド」することにします。

以上をまとめると、次のような動きになりそうです。

```
あなたのハンドは [(9, '♠'), (6, '♣')] です
ヒットしますか？ y/N > y
引いたカードは(5, '♠')です
ヒットしますか？ y/N > N
```

どうでしょうか？　ちょっと味気ないですが、最低限ブラックジャックで遊べそうです。今回はMVPですので、これで作りましょう。

column ソフトウェア設計の目的は設計図を描くことではない

設計というと「設計図」のような図面を描くイメージがあるかもしれません。たしかに、物理的な「ものづくり」の現場では、しっかりと設計図を描いてから製造を始めます。物理的な「モノ」には原材料費などのコストがかかりますし、一度作ると変更することが困難（たとえば切った木はつなげられません）ですので、設計図を丁寧に書きます。

一方、プログラムはソフトウェアですので、作るのに原材料費はかかりません。プログラムは作ってから修正することもできます。このようなソフトウェアとしての特性があるため、プログラムを書く前にそこまで精密な「設計図」を書く必要はありません。

プログラムの設計とは「きれいなプログラム」を書くための作戦を練ることなのです。作戦を練るためには、全体像を把握したいと思うでしょう。全体像を理解するには、フローチャートなどの記法が役に立ちます。フローチャートを描くときには、定規を使って丁寧に描く必要はありません。「どんなプログラムを書いたら良いか」をイメージできたらそれで十分なのです。図8.Aは筆者が今回ブラックジャックを作るときに描いたフローチャートの一部です。みなさんがフローチャートを描くときも、このようなラフなスケッチで大丈夫です。

▼図8.A　フローチャートのラフ

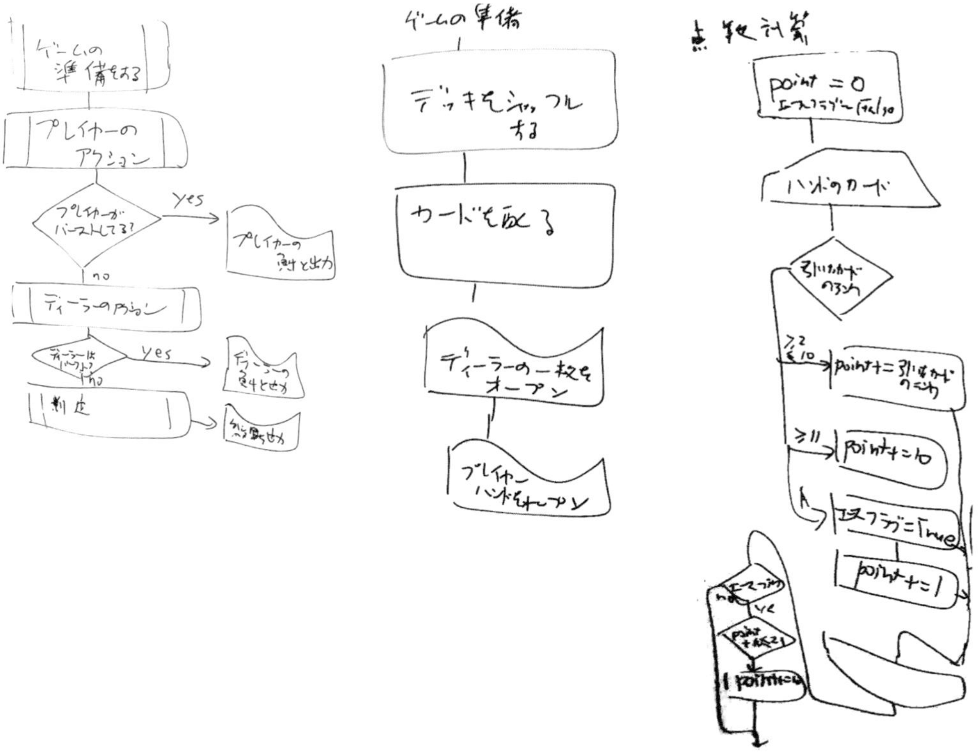

8.9 自分で考えたプログラムを作り始めることで見える世界

本章では「何を作ったら良いかわからない」という壁を越える方法を説明しました。壁を越えるためには「何を作るか」「どのように作るか」を考えることが必要です。そのためにはプログラミングのアイデアを考える必要があり、それは「できること」を起点に「作れそうなもの」をイメージすることから始めます。アイデアを出したら要件定義を行って実際に作る機能を決め、どうやって作るかを設計します。

ここまで来ればプログラムを書き始めることができるはずです。自分で考えた、自分だけのプログラムを書いていくのは、入門書に書かれたプログラムを写すのとは違います。きっと、新たな世界に踏み出していることを感じるでしょう。それは楽しいと思うかもしれません。しかし、一方で心細くも感じることもあるでしょう。

たしかに設計はしたけれど、実際に書き始めれば100行を超える大きなプログラムになります。どこから書き始めたらいいのか、どこまで書いたら完成と言えるのか、不安になってしまうかもしれません。次の章では、書き始めたプログラムを最後まで完成させる方法を学びましょう。

第9章 完成の壁

作り始めたプログラムを完成させられるようになろう

この章では、プログラミング学習第9の壁：完成の壁（作り始めたプログラムを完成させられない）を乗り越えます。第8章では、アイデアの立て方から要件定義、設計のステップを踏むことで、プログラムを書き始めることができる段階に進めました。しかし、意外と難しいのが次の壁で、書き始めたプログラムを完成させることです。第8章に引き続き「CUIベースのブラックジャック」を完成させるまでの流れを追いながら、プログラムを完成させる方法を学びましょう。

9.1 トップダウン・プログラミングによって枠組みを作ろう

まずは、第8章でまとめた設計に基づいてプログラムを書いていきましょう。第8章では図8.5として全体フローをまとめています。こういった全体フローをもとにプログラムの枠組みを作っていくプログラミング手法を**トップダウン・プログラミング**と呼びます。この節ではトップダウン・プログラミングの方法を学びましょう。

プログラム作成の準備

はじめに作業ディレクトリを作りましょう。ターミナルを起動し、今までと同じように**programming/py-practice**に**blackjack**という作業ディレクトリを作ったら、**cd**コマンドで移動しましょう。**cd**コマンドを実行したら**pwd**、**ls**で正しく移動できたことを確認しましょう（以下の例では出力を省略しています）。ターミナルの使い方については第2章を参照してください。

```
> cd programming/py-practice
> mkdir blackjack
> cd blackjack
> pwd
> ls
```

次にVisual Studio Codeを起動してメニューから[Open Folder]を選択して**blackjack**ディレクトリを開きます。そして**blackjack.py**というファイルを作ります。Visual Studio Codeの使い方については第3章を参照してください。この**blackjack.py**にプログラムを書いていきます。

プログラムの全体フローをもとにプログラムを書こう

まずはゲーム全体のフローをプログラムにしていきましょう。リスト9.1のような**main**という関数を作成します。

▼リスト9.1　全体フローをそのままmain関数にする

```
def main():
    prepare_game()                 ◀ゲームの準備をする
    player_action()                ◀プレーヤーのアクション
    if is_player_busted():         ◀プレーヤーがバストしているか？
        print("あなたの負け")       ◀バストしたためあなたの負け
        return                     ◀プログラムを終了
    dealer_action()                ◀ディーラーのアクション
    if is_dealer_busted():         ◀ディーラーがバストしているか？
        print("ディーラーの負け")   ◀ディーラーがバストしたためあなたの勝ち
        return                     ◀プログラムを終了
    judgement()                    ◀判定
    print([ここに何か書く])         ◀結果を表示
```

これは図8.5をそのままプログラムにしたものです。

フローチャートでサブルーチンとなっていた箇所は`prepare_game()`や`player_action()`のような関数呼び出しにします。これらの関数はまだ作成していないので、プログラムを実行するとエラーになりますが、これから作成するので今は気にしなくて大丈夫です。関数の中身はのちほど書きます。

このように、はじめに**main**関数を作ることがトップダウン・プログラミングの特徴です。はじめにmain関数を作ればプログラムの見通しが良くなります。見通しが良ければバグが発生しづらくなり、機能を追加するときもどこを直せば良いかわかりやすくなります。

各まとまりの入出力を定義しよう

これからフローチャートのサブルーチンにあたる関数を作っていきますが、その前に1つ考えなければならないことがあります。それは各関数の入出力です。

各サブルーチンには入力と出力があります。関数の場合、入力は引数に対応し、出力は返り値に対応します。ある関数の出力が、別の関数の入力になってリレーしていくようにプログラムは構成されます。

フローチャートはこのような値の入出力を表現するには向きません。そこで別途図9.1のような図を描いて、入出力関係をまとめましょう。

▼図9.1　入出力関連図

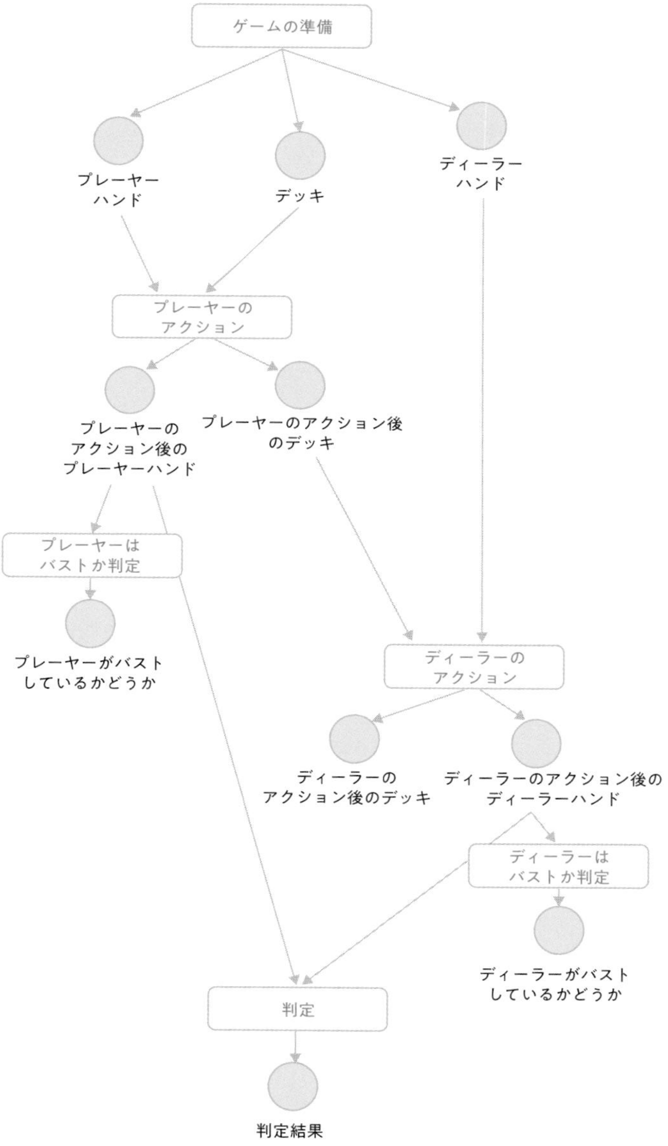

これを**入出力関連図**と呼びます。入出力関連図では、フローチャートのサブルーチンを1つの箱とし、サブルーチンが必要としている入力と出力を矢印でつなぎます。

これは、プログラムに当てはめると、四角い箱は関数、丸は引数や返り値に対応します。よってmain関数のプログラムに入出力の関係を反映すると、リスト9.2のようになります。

▼リスト9.2 リスト9.1に入出力の関係を反映

```
def main():
    """ブラックジャックゲームを実行します"""

    deck, player_hand, dealer_hand = prepare_game()        ◀ゲームの準備をする
    deck, player_hand = player_action(deck, player_hand)  ◀プレーヤーのアクション
    if is_player_busted(player_hand):  ◀プレーヤーがバストしているか？
        print("あなたの負け")
        return
    deck, dealer_hand = dealer_action(deck, dealer_hand)  ◀ディーラーのアクション
    if is_dealer_busted(dealer_hand):  ◀ディーラーがバストしているか？
        print("ディーラーの負け")
        return
    result = judgement(player_hand, dealer_hand)  ◀判定
    print(result)
```

これで、ブラックジャックゲームの大枠であるmain関数ができました！　プログラムをpythonコマンドで実行できるように、末尾に次の2行を追記しましょう。

```
if __name__ == "__main__":
    main()
```

スタブを作成しよう

大枠であるmain関数の作成が終わりました。あとはmain関数から呼び出す、サブルーチンとしての関数を作っていけばプログラムは完成します。ただ、今の段階では困ったことがあります。まずは「困ったこと」が何かを見てみましょう。

このプログラムは次のように実行します。

・Windowsの場合

```
> python blackjack.py
```

・macOSの場合

```
% python3 blackjack.py
```

以降では、Windowsに合わせて掲載しますのでmacOSを使用している方はプログラムを実行するときのコマンドを**python3**に読み替えることを忘れないようにしましょう。

さて、この方法でプログラムを実行しようとしても、今はまだエラーが出てしまいます。

```
Traceback (most recent call last):
  File "/Users/susumuis/programming/py-practice/blackjack/blackjack.py", line 18, in <module>
    main()
  File "/Users/susumuis/programming/py-practice/blackjack/blackjack.py", line 4, in main
    deck, player_hand, dealer_hand = prepare_game()
NameError: name 'prepare_game' is not defined
```

エラーメッセージが出たらよく読みましょう。今回は**NameError**、そして**prepare_game**が未定義だと書いてあります。**prepare_game**はサブルーチンにあたる関数で、これからフローチャート図8.6をもとに作ろうとしています。関数をまだ書いていないのに、無理やり**main**関数から呼び出そうとしたので、エラーが発生したというわけです。

エラーを消すためには、関数**prepare_game**を作成する必要があります。そしてもう一度実行すると、今度は**player_action**が未定義だというエラーが出てしまうでしょう。

もし、ひとつひとつの関数を順番に完成させようとしたなら、全部のプログラムが完成しない限り、プログラムを動かせないことになります。これでは、動きを確認しながら作ることができません。

そこで、良い方法があります。先に簡単なダミーの関数を作成してエラーが出なくすれば良いのです。このような関数を**スタブ**と呼びます。スタブを作れば、プログラムを少しずつ動かしながら作っていくことができるようになります。

それでは各スタブを作っていきましょう。

まずは**prepare_game**関数です。この関数のスタブは次のようになります。

```python
def prepare_game():
    """ゲームの準備をします

    :return: (デッキ, プレーヤーハンド, ディーラーハンド)
    """
    # TODO: 「ゲームの準備をする」フローチャートをもとに実装する
    # TODO: 現在は仮にすべて空のリストを返しているが、正しい実装ができたら差し替える
    deck = []
    player_hand = []
    dealer_hand = []
    return deck, player_hand, dealer_hand
```

`# TODO: ~`というコメントは「あとでやる」ことを示すコメントです。あとで、ダミーではない本物の関数を作ったとき、このコメントは削除します。この関数を**main**関数の上に追加しましょう。

続いて、同様にplayer_action関数のスタブを作りましょう。

```
def player_action(deck, player_hand):
    """プレーヤーのアクションを実行します

    :param deck: デッキ
    :param player_hand: プレーヤーハンド
    """
    # TODO:「プレーヤーのアクション」フローチャートをもとに実装する
    return deck, player_hand
```

返り値は引数のdeck、player_handをそのまま返すようにします。
dealer_action関数も同様です。

```
def dealer_action(deck, dealer_hand):
    """ディーラーのアクションを実行します

    :param deck: デッキ
    :param dealer_hand: ディーラーハンド
    :return: (デッキ, ディーラーハンド)
    """
    # TODO:「ディーラーのアクション」フローチャートをもとに実装する
    return deck, dealer_hand
```

続いてis_player_busted関数のスタブを作ります。

```
def is_player_busted(player_hand):
    """プレーヤーがバストしているか判定します

    :param player_hand: プレーヤーハンド
    :return: バストしていたらTrue、していなければFalse
    """
    # TODO: プレーヤーハンドの点数が22点以上だった場合は、バストしていると判定するように実装
    return False
```

同様にis_dealer_busted関数のスタブを作ります。

```
def is_dealer_busted(dealer_hand):
    """ディーラーがバストしているか判定します

    :param dealer_hand: ディーラーハンド
    :return: バストしていたらTrue、していなければFalse
    """
    # TODO: ディーラーハンドの点数が22点以上だった場合は、バストしていると判定するように実装
    return False
```

最後に**judgement**関数のスタブを作ります。

```
def judgement(player_hand, dealer_hand):
    """勝敗の判定をします

    :param player_hand: プレーヤーハンド
    :param dealer_hand: ディーラーハンド
    :return: 判定結果メッセージ
    """
    # TODO: 「判定」フローチャートをもとに実装する
    return "あなたの勝ちです"
```

すべてのサブルーチンのスタブができました。これでプログラムが実行できるようになったので、試しに実行してエラーが出ないことを確認しましょう。

```
> python blackjack.py  macOSの場合はpython3
あなたの勝ちです
```

実行すると、常に「あなたの勝ちです」と表示されます。まだ何の役にも立たないプログラムですが、ブラックジャックのプログラムとして大幅に完成に近づいています。ここから先は`# TODO:~`と書いて後回しにした部分に正式な処理を書いていけば徐々にプログラムが完成します。

これは、家の建築で言えば、基礎と柱ができあがった状態です。あとは外装や内装を作るだけで、プログラムが完成するとイメージしてください。

トップダウン・プログラミングにも限界があることを知ろう

トップダウン・プログラミングを行うと、プログラムの全体像を理解しやすいというメリットがあります。その一方で、デメリットが2つあります。

1つめのデメリットは「すべてが完成するまで動きを確認できない」というデメリットです。スタブを作ることでエラーは出なくなりましたが、プログラムが正しく作られているかはすべてが完成するまでわかりません。

2つめのデメリットは、関数の再利用性が低いということです。たとえば家を建てるとき、木の板や釘のような部品を組み合わせて作るでしょう。トップダウン・プログラミングだけでは、部品を組み合わせるという考え方がありません。家に例えるなら、木の板が必要になったらいちいち山へ行って木を切るような作り方です。これでは大変ですね。

板や釘は家だけでなく、倉庫を作ることにも使えるでしょう。プログラミングでも使いまわせる機能は「部品」として作ってから再利用したほうが便利です。次の節では「部品」をもとにプログラミングする方法を使ってトップダウン・プログラミングのデメリットを補います。

9.2 ボトムアップ・プログラミングで部品を作ろう

プログラミングにおいて「部品」の役割を果たすのが関数です。関数を一度作れば、その機能を使いまわしたり組み合わせたりできます。部品として使える関数を作ることから始めるプログラミング手法を、**ボトムアップ・プログラミング**と呼びます。

ボトムアップ・プログラミングするにあたって、まずは対話モードを使うと便利でしょう。対話モードでコードを書いてみて、動きを確認しながら、どのような関数を作れば良いか考えていくのです。ある程度方針が決まったらプログラムファイルに関数として書いていきます。

では、さっそく、pythonで対話モードを起動しましょう。

```
> python ◀macOSの場合は python3
```

トランプのカードを扱う関数を作ろう

ボトムアップ・プログラミングでは、最も シンプルで共通利用できそうな部品から作っていきます。ブラックジャックで最もシンプルな部品は、トランプのカードでしょう。まずは「トランプのカード1枚」から作っていきましょう。

1枚のカードを表す

カード1枚はタプルで表します。変数my_cardに「ハートのエース」を代入してみましょう。

```
>>> my_card = (1, "♡")
```

第8章のUIの設計で確認したとおり、print関数の引数にタプルを指定すると、変数が指すカードの情報をユーザーに伝えることができます。試してみましょう。

```
>>> print(my_card)
(1, '♡')
```

カードからランクとスートを知る

先ほどの変数my_cardが指しているカードのランクとスートを知る方法を考えましょう。

タプルはリストと同じように、インデックスで要素を指定して値を取得できます(詳しくは第7

章を参照)。今回はインデックス0にはランク、インデックス1にスートを持たせています。よって my_card[0]と書けばランクを、my_card[1]と書けばスートを取得できます。

printの関数で、ランクとスートをそれぞれ出力してみましょう。

```
>>> print(my_card[0])
1
>>> print(my_card[1])
♡
```

たしかに、これでmy_cardのランクが1、スートが♡であることは知れました。しかし、なんだかわかりづらくないでしょうか？

わかりづらいと感じる理由は0とランク、1とスートは直接の関係がないからです。特別な断りなしにこのコードを見せられた人には、まさかランクやスートを出力しているとは想像できないでしょう。

このようなわかりづらさは、関数を作ることによって解消できます。いったん、対話モードを終了しましょう。

```
>>> quit()
```

そして、Visual Studio Codeでblackjack.pyに次の2つの関数を追加しましょう。

```
def rank_of(card):
    """カードのランクを取得します

    例:
    >>> card = (13, "♠")
    >>> rank_of(card)
    13

    :param card: カード
    :return: カードのランク
    """

    return card[0]
```

```
def suit_of(card):
    """カードのスートを取得します

    例:
    >>> card = (13, "♠")
    >>> suit_of(card)
    '♠'
```

```
    :param card: カード
    :return: カードのスート
    """

    return card[1]
```

blackjack.pyを保存したら、再び対話モードを立ち上げます。

```
> python ◀macOSの場合は python3
```

対話モードでpyファイルに定義した関数を使用するには、第7章で紹介したとおり、以下にように書きます（最後がなぜ*なのかは次ページの発展で紹介）。

```
>>> from blackjack import *
```

もし、次のようなエラーが出てしまった場合は、pythonコマンドを実行したときのカレントディレクトリがblackjack.pyと同じディレクトリになっていません。

```
Traceback (most recent call last):
  File "<stdin>", line 1, in <module>
ModuleNotFoundError: No module named 'blackjack'
```

cdコマンドを使って、blackjackディレクトリに移動してください。

エラーが出なかった場合は、先ほど作ったrank_of、suit_of関数が使えます。

```
>>> my_card = (1, "♡")
>>> print(rank_of(my_card)) ◀ランクを出力
1
>>> print(suit_of(my_card)) ◀スートを出力
♡
```

関数を作る前はprint(my_card[0])と書いていた箇所がprint(rank_of(my_card))になりました。これは、カッコや_を空白に読み替えると「print rank of my card」（私のカードのランクをプリントする）という、自然な文章になります。これならはじめてこのプログラムを見た人でも、そのコードが何をしているのかわかりやすいですね！

このように関数の名前を工夫して、プログラムをあたかも自然な文章のように読めるようにしていくことも、ボトムアップ・プログラミングの重要なエッセンスです。

発展

importのあとの「*」とは何か

　importのあとに*を書く書き方は、本書でははじめて登場します。これはモジュールからすべての関数や型をインポートするという意味です。この書き方を使うことで、from blackjack import rank_ofのようにひとつひとつの関数をインポートすることなく、blackjackモジュール内のすべての関数が使えるようになります。

　一見便利な機能に見えますが、多用することはお勧めしません。プログラムを見たときに、どの関数をどのモジュールから呼び出したのかがわかりづらくなってしまうというデメリットがあるからです。そのため、今回のように、対話モードでモジュール内の関数の動きを確認するときに留めて使用し、それ以外の場面ではひとつひとつの関数や型を個別にインポートするのが良いでしょう。

ハンドにカードを加える

　引き続き対話モードで、複数のカードの束であるハンドやデッキの扱いを考えましょう。これらはリストで扱うことをすでに考えていましたね。

　まずは空のリストを作って「何もカードがない」ハンドを作りましょう。

```
>>> my_hand = []
```

　リストは**append**メソッドを使って値を末尾に追加できます。「スペードのエース」「ハートの2」「ダイヤの3」をハンドに加えてみましょう。

```
>>> my_hand.append((1, "♠"))
>>> my_hand.append((2, "♡"))
>>> my_hand.append((3, "◇"))
```

　リストを引数にして**print**関数を呼び出せば、ユーザーにハンドの内容を出力できます。

```
>>> print(my_hand)
[(1, '♠'), (2, '♡'), (3, '◇')]
```

デッキを作る

　次にデッキの扱いを考えましょう。第8章の用語集を読み返すと、デッキは「すべてのランクとスートの組み合わせを1回ずつ重複なく網羅した束」と定義しています。次のようにループを使えば、すべてのランクとスートが順番に並びながら網羅された、長さ52のリストを作れます。

```
deck = []
for suit in ["♠", "♡", "♣", "◇"]:
    for rank in range(1, 14):  # トランプの 1(A) から 13(K) まで
        card = (rank, suit)
        deck.append(card)
```

対話モードでfor文を書くのは大変ですね。そういうときは直接ファイルを編集しましょう。一度対話モードを終了します。

```
>>> quit()
```

Visual Studio Codeで以下の行を**blackjack.py**に追記してください。

```
def new_deck():
    """新しいカードのデッキを作ります

    :return: デッキはスペードの1からダイヤの13まで連番で並べられたカードのリスト
    """

    deck = []
    for suit in ["♠", "♡", "♣", "◇"]:
        for rank in range(1, 14):  # トランプの 1(A) から 13(K) まで
            card = (rank, suit)
            deck.append(card)
    return deck
```

そして、また対話モードを起動して、**blackjack.py**の関数を使えるようにします。

```
> python ◀macOSの場合は python3
>>> from blackjack import *
```

以降も**blackjack.py**を編集していきますが、そのたびに対話モードを一度終了し、再度起動して`from blackjack import *`と書くようにしてください。そうしないとファイルを変更した内容が反映されないので、注意してください。

さっそく**new_deck**関数を呼んで返り値を確認してみましょう。

```
>>> deck = new_deck()
>>> len(deck)
52
>>> print(deck[0])
(1, '♠')
>>> print(deck[1])
```

```
(2, '♠')
>>> print(deck[2])
(3, '♠')
```

new_deckによって返されるリストの要素はスペードの1から13、ハートの1から13、クラブの1から13、ダイヤの1から13というように並んでいます。買ってきたばかりのトランプみたいですね。あとでシャッフルする機能を作りましょう。

デッキからカードを引く

次は「デッキからカードを引く」動作をプログラミングしましょう。

デッキから先頭のカードを取り出すと、デッキからそのカードはなくなります。その動きをプログラムで表すためには、リストの**pop**メソッドを使うと良いです。**pop**メソッドの引数に**0**を与えると、先頭の値を返し、リストからはその先頭の値を削除します。

```
>>> deck.pop(0)
(1, '♠')
>>> deck.pop(0)
(2, '♠')
>>> deck.pop(0)
(3, '♠')
>>> len(deck)  ◀ 52枚から3枚引いたので49枚になる
49
>>> print(deck[0])  ◀ 先頭のカードはスペードの4になっている
(4, '♠')
```

pop(0)では**0**が何を意味するかわかりづらいですね。そこで**draw_card_from**という関数を作りましょう。Visual Studio Codeで以下の行を**blackjack.py**に書き足してください。

```
def draw_card_from(deck):
    """デッキからカードを引きます

    :param deck: デッキ ※呼び出し後にカードが1つ減ります
    :return: 引いたカード
    """

    card = deck.pop(0)
    return card
```

対話モードを再度起動して、動きを確認しましょう。

```
>>> from blackjack import *
>>> deck = new_deck()
>>> draw_card_from(deck)
```

```
(1, '♠')
>>> draw_card_from(deck)
(2, '♠')
>>> draw_card_from(deck)
(3, '♠')
```

デッキをシャッフルする

続いて「カードをシャッフルする」機能を作りましょう。

Python標準ライブラリの中に**random**というモジュールがあり、その中に**shuffle**という関数があります。この関数を使うとリストの中身をシャッフルできます。**random**モジュールから**shuffle**関数をインポートしましょう。

```
>>> from random import shuffle
```

まずは、単純なリストを引数に渡して**shuffle**関数を呼び出すとどうなるかを試してみましょう。

```
>>> my_list = [1, 2, 3, 4, 5]
>>> shuffle(my_list)
>>> print(my_list)
[3, 2, 1, 5, 4]
```

my_listの要素がバラバラになりましたね。**deck**もリストですので、**shuffle**関数の引数に渡すことができます。やってみましょう。

```
>>> deck = new_deck()
>>> print(deck[0])  ◀初めは連番になってる様子を確認
(1, '♠')
>>> print(deck[1])
(2, '♠')
>>> print(deck[2])
(3, '♠')
>>> shuffle(deck)  ◀デッキをシャッフル
>>> print(deck[0])  ◀シャッフルされたあとのデッキを確認
(11, '◇')
>>> print(deck[1])
(10, '♠')
>>> print(deck[2])
(12, '♣')
```

結果は実行するごとに変わるので、みなさんの手もとでは違う結果が出ているはずです。本書では紙面の都合で先頭の3枚しか見ていませんが、みなさんはもっと先までバラバラになっていることを見ても良いでしょう。

これでシャッフルされたデッキを作れました。

さて、ここまでの流れに従うと「カードをシャッフルする」関数を作っても良いですが、筆者は必要ないと考えます。すでに`shuffle(deck)`でも「shuffle deck」(デッキをシャッフルする)で英語として自然に読めます。また`card[1]`、`pop(0)`のように不自然な**1**、**0**もありません。これなら、予備知識がない人がプログラムを読んでも「デッキをシャッフルするんだな」と読めるでしょう。

これは、Pythonの標準ライブラリの関数がブラックジャックの部品として使えたということです。ボトムアップ・プログラミングではそのようなこともあります。そんなときは、ありがたく利用しましょう。

ただし**shuffle**関数はインポートしなければ使えません。Visual Studio Codeで以下の行を**blackjack.py**の先頭に追加してください。

```
from random import shuffle ◀この行を先頭に追加する


def rank_of(card):
◀以下省略
```

発展

shuffle関数はちょっと不思議な関数?

shuffle関数はちょっと不思議な関数に見えるかもしれません。

第4章では「関数は自動販売機」という例えをしました。引数は自動販売機に入れるお金で、返り値は飲み物やおつりという例えです。ところが、**shuffle**は値を返さず引数に渡したリストをシャッフルします。

これは難しいしくみではありません。2つの変数が同じリストを指しているとき、一方の変数を使ってリストの要素を変更すると、もう一方の変数から見たリストの要素も変わっているという特徴がリストにはあります。

```
>>> a = [1, 2, 3]
>>> b = a
>>> b[1] = 102
>>> a
[1, 102, 3] ◀b の指す値を変更したのに a の指す値も変わった!
```

このことを知っていれば**shuffle**は関数の中で、引数に渡したリストの要素を書き換えているだけとわかるでしょう。上の例では**a**が引数に渡す変数、**b[1]**への代入は関数の中で行われていることに相当します。

shuffleのほかにも、引数に指定した値を変更する関数は多くあります。実はみなさんもすでに作っています。「デッキからカードを引く」**draw_card_from**関数を実行すると、引数に与えた**deck**

の長さが1つ短くなりますね！

```
>>> deck = new_deck()
>>> len(deck)
52
>>> card = draw_card_from(deck)
>>> len(deck)  ◀deck の長さが変わる
51
```

このようにリストを書き換える関数もあることを知ると「関数は自動販売機」という例えのほうに無理があると気づくでしょう。現実の世界とプログラミングは違います。学習のために使った例えがステップアップによって通用しなくなるのはしかたのないことです。みなさんはすでにたくさんの関数を実際に作り、使っています。もう「関数は自動販売機」という例えがなくても、関数を使いこなせるでしょう。

ボトムアップ・プログラミングのデメリットも知ろう

ボトムアップ・プログラミングによって機能を作っていく様子はわかりましたか？　一見すると、ボトムアップ・プログラミングだけを使えばプログラムは効率良く作れるように思うかもしれません。しかし、ボトムアップ・プログラミングには「全体像がわからない」というデメリットがあります。全体像がわからなければ、どの部品を作らなければならないのかわからず、必要のない部品まで作ってしまうでしょう。

そこで、効率よく開発をするためには、トップダウン・プログラミングで全体像からアプローチし、必要な部品が見えてきた時点でボトムアップ・プログラミングに切り替えて必要な部品を作るのが良いでしょう。

ボトムアップ・プログラミングで作られた関数を確認しよう

ここまでの流れに従っていると、**blackjack.py**にはすでに次のような関数が追加されています。

- rank_of
- suit_of
- new_deck
- draw_card_from

これらの関数はダミーではなく実際に使える関数です。このように、動作を確認しながら関数を作っていけるのがボトムアップ・プログラミングのメリットです。

この中から**new_deck**、**draw_card_from**を使うと、スタブ関数になっていた**prepare_game**を簡単に完成させることができます。

図8.6を見返してみましょう。「デッキを作る」「デッキをシャッフルする」というサブルーチンにはすでに**new_deck**、**shuffle**という関数が対応しています。「カードを配る」サブルーチンがないので完成させましょう。

```
def deal_cards_from(deck):
    """デッキからカードを配ります

    :param deck: デッキ ※呼び出し後に配った分のカードが減ります
    :return: (プレーヤーハンド, ディーラーハンド)
    """
    player_hand = []
    dealer_hand = []

    dealer_hand.append(draw_card_from(deck))
    player_hand.append(draw_card_from(deck))
    dealer_hand.append(draw_card_from(deck))
    player_hand.append(draw_card_from(deck))
    return player_hand, dealer_hand
```

カードはディーラー、プレーヤーの順で1枚ずつハンドに加えるように配るようにしました。そして**prepare_game**を完成させます。

```
def prepare_game():
    """ゲームの準備をします

    :return: (デッキ, プレーヤーハンド, ディーラーハンド)
    """
    deck = new_deck()
    shuffle(deck)
    player_hand, dealer_hand = deal_cards_from(deck)

    print(f"ディーラーハンドのうち1枚は {dealer_hand[0]} です")
    print(f"あなたのハンドは {player_hand} です")

    return deck, player_hand, dealer_hand
```

図8.6のフローチャートに対応する関数**prepare_game**が完成しました。

トップダウンとボトムアップを組み合わせて作る雰囲気はわかりましたか？　ここからも、この方法で作っていけば、すべてのサブルーチンを実装し終えてブラックジャックを完成させるのは難しくないと思えるでしょう。

次は、ハンドの点数計算を作るのが良いでしょう。ハンドの点数計算は**dealer_action**関数、**is_player_busted**関数、**is_dealer_busted**関数、**judgement**関数を作るときに使いそうです。

しかし、ちょっと待ってください！　すでに結構な量のプログラムを書いています。ここまでのプログラムを間違えずに書き切っている自信があるでしょうか？

ボトムアップ・プログラミングでは、先に作った部品が正しい動きをするという前提で利用します。もし、**new_deck**、**draw_card_from**が間違っていたら、それらを使って作られた**prepare_game**関数も間違っていることになります。そのような間違いに気づかないまま放置すると、最終的にできあがったブラックジャックは間違いだらけになります。このような間違いの連鎖を防ぐため、ある程度の量のプログラムを書いたら、プログラムのテストをしたほうが良いです。

9.3 単体テストでバグを見つけよう

単体テストとは、プログラムのある一部分を確認するテストです。前節ではボトムアップ・プログラミングによって「部品」を関数として作っていきました。「部品」としてのそれぞれの関数が期待どおりの動きをしていることを確かめる単体テストを実施しましょう。

部品ができたら単体テストを行う

プログラムのテストはプログラムを完成させてから行えば良いのではないかと思うかもしれません。しかし、それは違います。一般的に、テストはなるべく早く行ったほうが良いと言われます。問題は早く見つかるほど、直すことが簡単だからです。テストを後回しにすると、作ったとき考えていたことを忘れてしまい、直すのに時間がかかってしまいます。「急がば回れ」なのです。

関数を作ったら単体テストを行う、単体テストがOKなら次の関数を作る、というように、プログラミングと単体テストを交互に行いましょう。

仕様と期待値

プログラムが作成者によって意図された動作を**仕様**と呼びます。テストは「プログラムが仕様どおりに動くこと」を確認します。プログラムが仕様どおりに動かないことを**バグ**と呼びます。言い換えると、テストはプログラムに潜むバグを見つける作業です。

バグを見つけるためには、仕様どおりに動作したときの結果と、実際に動かしたときの結果を比較します。仕様どおりに動作したときの結果のことを**期待値**と呼びます。単体テストでは、関数ごとに期待値と実際の結果を比較します。

関数の返り値の期待値を表にまとめてからテストする

期待値は表にまとめるとわかりやすいです。表9.1は引数cardの値とrank_of関数、suit_of関数の返り値の期待値を表にまとめたものです。

▼表9.1　rank_of、suit_ofの期待値

引数cardの値	rank_ofの返り値の期待値	suit_ofの返り値の期待値
(1, "♠")	1	"♠"
(2, "♡")	2	"♡"
(10, "♣")	10	"♣"
(13, "◇")	13	"◇"

期待値を表にまとめたので、実際に動かしてみましょう。

```
>>> from blackjack import *
>>> card = (1, "♠")
>>> rank_of(card)  ◀期待値は 1
1
>>> suit_of(card)  ◀期待値は ♠
'♠'
>>> card = (2, "♡")
>>> rank_of(card)  ◀期待値は 2
2
>>> suit_of(card)  ◀期待値は ♡
'♡'
>>> card = (10, "♣")
>>> rank_of(card)  ◀期待値は 10
10
>>> suit_of(card)  ◀期待値は ♣
'♣'
>>> card = (13, "◇")
>>> rank_of(card)  ◀期待値は 13
13
>>> suit_of(card)  ◀期待値は ◇
'◇'
```

すべて期待値と実際の値が一致しました。テストは合格です。つまり、単体テストでrank_of関数、suit_of関数にバグは見つかりませんでした。

返り値が大きなリストのときは代表的な要素をテストする

続いてnew_deckもテストしてみましょう。

new_deckは引数が存在しない関数ですので、引数のパターンを網羅する必要はありません。しかし、new_deckの返り値のリストは大きいので、すべての要素を目視で確認するのは難しそうです。そこで、いくつかの代表的な要素を取り出して正しさを確認することにしましょう（表9.2）。

▼表9.2 new_deckの返り値deckのチェック項目

チェックする値	期待値
len(deck)	52
deck[0]	(1, "♠")
deck[1]	(2, "♠")
deck[12]	(13, "♠")
deck[13]	(1, "♡")
deck[25]	(13, "♡")
deck[26]	(1, "♣")
deck[51]	(13, "◇")

実際試してみましょう。

```
>>> deck = new_deck()
>>> len(deck)
52
>>> deck[0]
(1, '♠')
>>> deck[1]
(2, '♠')
>>> deck[12]
(13, '♠')
>>> deck[13]
(1, '♡')
```

以下省略しますが、すべて期待値どおりでした。テストは合格です。new_deckにバグは見つかりませんでした。

実行回数によって結果が変わる関数のテストを行う

続いて、draw_card_from関数を確認します。draw_card_fromはちょっと特殊な関数です。

これまでの関数は、同じ引数に対して何度実行しても常に同じ値を返しましたが、draw_card_fromは引数に指定したdeckから1枚カードを取り出します。deckのサイズはdraw_card_fromを呼び出すごとに1ずつ減っていきます。draw_card_fromの返り値は、deckの先頭から順に返されるでしょう。

そこで、new_deck関数で作成したばかりのdeckを引数に与えて次々にdraw_card_from関数を呼び出したとき、返り値とdeckのサイズがどのようになっていくべきかをまとめました（表9.3）。

▼表9.3　draw_card_from の期待する動作

draw_card_fromの呼び出し回数	期待する返り値	deckのサイズ
1	(1, "♠")	51
2	(2, "♠")	50
3	(3, "♠")	49

実際に動かしてみましょう。

```
>>> deck = new_deck()
>>> draw_card_from(deck)  ◀期待値 (1, "♠")
(1, '♠')
>>> len(deck)  ◀期待値 51
51
>>> draw_card_from(deck)  ◀期待値 (2, "♠")
(2, '♠')
>>> len(deck)  ◀期待値 50
50
>>> draw_card_from(deck)  ◀期待値 (3, "♠")
(3, '♠')
>>> len(deck)  ◀期待値 49
49
```

今度もすべての期待値と実際の結果が一致しました。テストは合格です。draw_card_fromにバグは見つかりませんでした。

column

テストも専門スキル

今回は関数に対して設定した期待値をすべて満たすことによって、「テストは合格」「バグは見つからなかった」と説明しました。しかし、これでは「バグが存在しないことを証明した」ということにはなりません。

関数draw_card_fromの引数deckが取り得るリストの状態には膨大な組み合わせがあるため、すべてをテストすることはできません。仮に10,000通りテストしたとしても、10,001通りめに未知のバグがあるかもしれないからです。

一般的に、テストを行う量は求められる品質と時間とのトレードオフになります。テストを多く行えばバグを見つけやすくなりますが、時間は無限に使えません。そこで、テスト対象に対してどれだけテストを行えば十分な品質があるとみなせるのか判断することや、より効率よくバグを見つけられるテストの方法を考えることが、ソフトウェアテストの専門スキルになります。興味がある人は、ソフトウェアの品質やテストについての専門書を読んでみるのも良いでしょう。

画面出力もテストする

最後にprepare_game関数も確かめてみましょう。prepare_game関数は関数内でprint関数を呼び出して、メッセージを出力しています。このような関数は返り値以外に出力されたメッセージもテストでチェックする対象になります。今回は引数による結果の違いはないので、期待される動作を箇条書きにすると良いでしょう。

- 「ディーラーハンドのうち1枚は**【ディーラーハンドの1枚め】**です」と出力する
- **【ディーラーハンドの1枚め】**は実行するごとに違うカードになる
- 「あなたのハンドは [**【プレーヤーハンドの1枚め】**,**【プレーヤーハンドの2枚め】**] です」と出力する
- **【プレーヤーハンドの1枚め】**、**【プレーヤーハンドの2枚め】**は実行するごとに違うカードになる
- 返り値deckの長さは48（52枚から4枚減っているので）
- 返り値player_handの長さは2
- 返り値dealer_handの長さは2
- player_handの値は画面出力の**【プレーヤーハンドの1枚め】**、**【プレーヤーハンドの2枚め】**と一致
- dealer_handのインデックス0の値は画面出力の**【ディーラーハンドの1枚め】**と一致

【】で囲った部分は実行するごとに値が変わる可能性がある箇所です。ただし、本当に毎回違うかどうか確認する必要がある箇所と確認の必要がない箇所があるので、毎回違うことを確認する必要がある旨を書きましょう。

本当にこのとおりの挙動をするのか確認してみましょう。

```
>>> deck, player_hand, dealer_hand = prepare_game()  画面出力が期待どおりか見る
ディーラーハンドのうち1枚は (3, '♣') です
あなたのハンドは [(13, '♠'), (3, '◇')] です
>>> len(deck)  期待値 48
48
>>> len(player_hand)  期待値 2
2
>>> len(dealer_hand)  期待値 2
2
>>> player_hand  期待値 [(13, "♠"), (3, "◇")]
[(13, '♠'), (3, '◇')]
>>> dealer_hand[0]  期待値 (3, "♣")
(3, '♣')
```

今回も期待どおりの動作をしました(みなさんの手もとでは違う結果が出ているでしょう)。

ただ、カードはシャッフルしているので、内容は毎回変わります。同じテストをもう1回行うことで、カードが毎回変わることを確認しましょう。

```
>>> deck, player_hand, dealer_hand = prepare_game()  画面出力が期待どおりか見る
ディーラーハンドのうち1枚は (1, '♡') です
あなたのハンドは [(11, '♡'), (12, '♡')] です
>>> len(deck)  期待値 48
48
>>> len(player_hand)  期待値 2
2
>>> len(dealer_hand)  期待値 2
2
>>> player_hand  期待値 [(11, "♡"), (12, "♡")]
[(11, '♡'), (12, '♡')]
>>> dealer_hand[0]  期待値 (1, "♡")
(1, '♡')
```

テストは合格です。`prepare_game`にもバグは見つかりませんでした。

テストを先に考えてからプログラミングする方法を覚えよう

前項では、関数の期待する動作をまとめて、実際にそのように動くことを確かめることでテストを行いました。しかし、結局はテストをするのだから、期待する動作を先にまとめてから関数を作

るのはどうでしょうか？　実は、そのようなやり方もプログラミングの良い習慣とされています。先にテストを考える方法で「点数計算」の関数を作ってみましょう。

まずは、テスト方法を考えます。点数計算はハンドを引数として、点数を返り値とする関数です。そこでハンドに対する返り値の期待値をまとめていきます。ただ、ハンドの組み合わせすべてをテストすることはできません。そこで、ブラックジャックのルールをもとに、テストすべき必要最小限の組み合わせを考えます。

- ブラックジャックではスートは点数に関係ないので、ランクだけを考える
- ランク1（1点または11点とみなす）、11、12、13（10点と見なす）は特別なルールと言えるので、テスト対象に加える必要がある
- ハンドがゲーム開始時点で2枚あるので1枚のときは考えなくて良い

また、「ハンドが3枚のときにテストでバグがなければ、4枚以上のときもバグが出る可能性は低い」と予想できます。「予想」の是非の議論は省略しますが、今回はランク1、11、12、13を混ぜながら2枚と3枚のハンドに対する点数をテストすることにしましょう。

この方針をもとにハンドの各ランクと点数の期待値を表にすると表9.4のようになります。

▼表9.4　点数計算の期待値

ハンドの各ランク	点数（期待値）
2, 7	9
9, 11	19
12, 13	20
1, 3	14
13, 1	21
1, 1	12
2, 3, 4	9
11, 12, 13	30
1, 1, 1	13
1, 2, 13	13
9, 1, 12	20

それでは点数計算のプログラムを書きましょう。点数計算のフローは複雑になりそうですので、フローチャートを描いてみます。図9.2のようになりました。

▼図9.2　点数計算のフローチャート

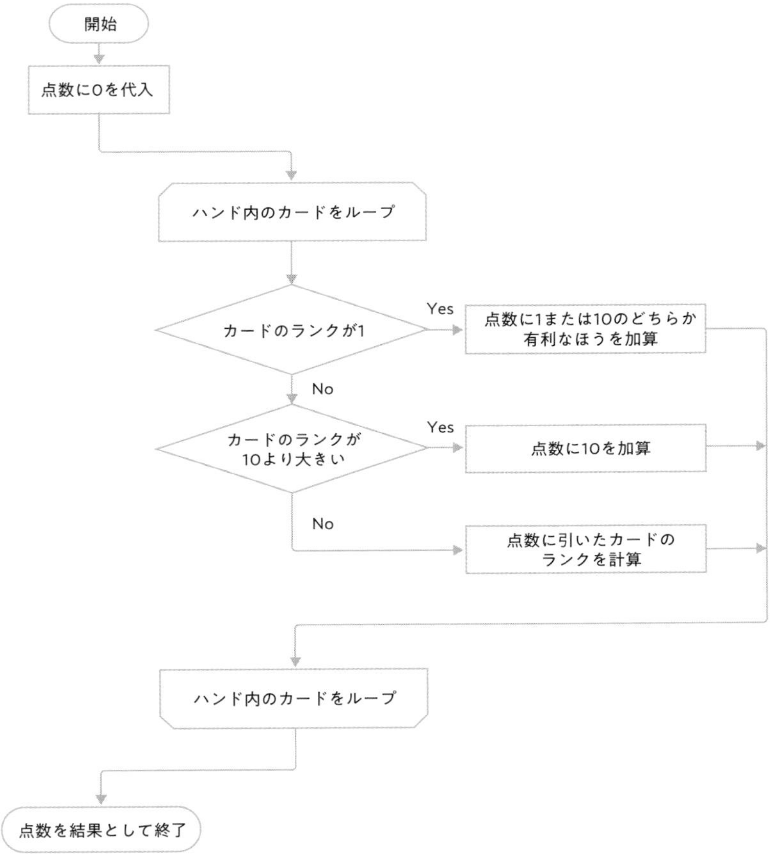

これを素直にプログラムにしてみます。

```
def calculate_point_of(hand):
    """点数を計算します

    :param hand: ハンド
    :return: 点数
    """
    point = 0
    for card in hand:
        rank = rank_of(card)
        if rank == 1:
            # 11足してみて21を超えてしまう場合は1足す
            if point + 11 > 21:
                point += 1
            else:
                point += 11
        elif rank > 10:
```

```
            # 11以上のときは常に10足す
            point += 10
        else:
            # それ以外はカードのランクを足す
            point += rank
    return point
```

プログラムを書いたら、期待どおりの動きをするか試してみましょう。対話モードを再度起動して、次のように関数を呼び出してみてください。

```
>>> from blackjack import *
>>> calculate_point_of([(2, "♠"), (7, "♡")])  ◀期待値 9
9
>>> calculate_point_of([(9, "♣"), (11, "◇")])  ◀期待値 19
19
>>> calculate_point_of([(12, "♠"), (13, "♡")])  ◀期待値 20
20
>>> calculate_point_of([(1, "♣"), (3, "◇")])  ◀期待値 14
14
>>> calculate_point_of([(13, "♠"), (1, "♡")])  ◀期待値 21
21
>>> calculate_point_of([(1, "♠"), (1, "♡")])  ◀期待値 12
12
>>> calculate_point_of([(2, "♣"), (3, "◇"), (4, "♠")])  ◀期待値 9
9
>>> calculate_point_of([(11, "♡"), (12, "♣"), (13, "◇")])  ◀期待値 30
30
>>> calculate_point_of([(1, "♡"), (1, "♣"), (1, "◇")])  ◀期待値 13
13
>>> calculate_point_of([(1, "♠"), (2, "♡"), (13, "♣")])  ◀期待値 13
23  ◀期待値と違う
>>> calculate_point_of([(9, "◇"), (1, "♠"), (12, "♡")])  ◀期待値 20
30  ◀期待値と違う
```

おや、2ヵ所、間違った結果になってしまいました。プログラムが期待どおりに動かないことをバグというのでしたね。次の節では単体テストでバグを見つけたとき、どのように修正すれば良いかを学びます。

9.4 デバッグをしてバグを修正しよう

プログラムに潜むバグを取り除くことを**デバッグ**と呼びます。この節では単体テストで見つかったバグをデバッグによって修正する方法を学びましょう。

バグの原因を突き止めよう

デバッグをするときは、バグの原因を突き止めることから始めます。バグの原因を突き止めるためには次の2つを調べると良いです。

- 処理がどのようなフローを通ったのか
- そのとき変数の値はどうなっていたのか

これらを調べる方法として、一時的に**print**関数を挿入する方法を紹介します。次のように、処理の途中に**print**関数を追加します。

```
point = 0
for card in hand:
    rank = rank_of(card)
    print(f"DEBUG: rank = {rank}")  ◀一時的に追加する
    if rank == 1:
        # 11足してみて21を超えてしまう場合は1足す
        if point + 11 > 21:
            point += 1
        else:
            point += 11
    elif rank > 10:
        # 11以上のときは常に10足す
        point += 10
    else:
        # それ以外はカードのランクを足す
        point += rank
    print(f"DEBUG: point = {point}")  ◀一時的に追加する
return point
```

この状態で、テストで不合格だった引数を与えて関数を呼び出します。

```
>>> from blackjack import *
>>> calculate_point_of([(1, "♠"), (2, "♡"), (13, "♣")])
DEBUG: rank = 1
DEBUG: point = 11
DEBUG: rank = 2
DEBUG: point = 13
DEBUG: rank = 13
DEBUG: point = 23
23
```

これで処理の流れがわかりましたね。変数**rank**は**1**、**2**、**13**が代入されながらループされています。そして、変数**point**は**11**、**13**、**23**と変化します。

ここから、先頭の**1**を11点として解釈していることがわかります。しかし、合計が21点を超えてしまう場合、ランク**1**は1点と解釈すべきです。

こうなってしまったのは、ループ途中の変数`point`が指す値を使って**1**を1点とすべきか11点とすべきかを判断してしまったことが原因だとわかりました！

原因がわかったら、デバッグのために書いた`print`関数は消しましょう。

原因をもとにバグを取り除こう

バグの原因がわかったら、どのように直すべきか落ち着いて考えましょう。

今回のバグは、ループの途中の変数`point`の指す値を使って**1**を1点とすべきか11点とすべきかを判断していたことが原因でした。それでは、どうすれば良いでしょうか？　途中ではなく、全部のカードを見てから**1**を1点とすべきか11点とすべきかを判断すれば良いのです。

具体的には次の方針にすれば良いでしょう。

- まずは**1**を1点と解釈してすべてのカードの合計点を計算する
- ハンドに**1**が含まれていて、点数に10点を足しても21点を超えないときは10点加算する

次のようにプログラムを修正しましょう。

```
def calculate_point_of(hand):
    """点数を計算します

    :param hand: ハンド
    :return: 点数
    """
    point = 0
    exists_ace = False
    for card in hand:
        rank = rank_of(card)
        if rank == 1:
            # エースはとりあえず1と解釈する
            point += 1
            # 「エースが存在した」フラグを立てる
            exists_ace = True
        elif rank > 10:
            # 11以上のときは常に10足す
            point += 10
        else:
            # それ以外はカードのランクを足す
            point += rank
    if exists_ace:
        # エースが存在したとき、11と解釈してもバストしなければ11と解釈する
        if point + 10 <= 21:
```

```
            # エースが複数ある場合、2枚以上を11と解釈すると22以上となりバストしてしまうので、
            # そのうち1つを11と解釈するため、すでに加算した1に加えて10点足す
            point += 10
    return point
```

そして、正しく動かなかった引数でもう一度呼び出してみましょう。

```
>>> from blackjack import *
>>> calculate_point_of([(1, "♠"), (2, "♡"), (13, "♣")])
13
>>> calculate_point_of([(9, "◇"), (1, "♠"), (12, "♡")])
20
```

今度は期待値どおりになりました。

column 単体テストがプログラミングを楽にしてくれる

フローチャート図9.2と比較して、修正後のプログラムは複雑に見えますね。複雑に見えるのは、プログラムがあいまいなことを許さないからです。

図9.2では「どちらか有利なほう」という言葉を使っていました。人はこの言葉だけで「今は1を11点と判断したら21点を超えてしまうな！」と判断できるでしょう。一方、プログラムではどのように「有利なほう」を選ぶのかを厳密に決めなければいけません。図9.2の「どちらか有利なほう」という記述はあいまいな表現だったのです。だからといって、フローチャートをもっと厳密に描こうとすると、かえって人にはわかりづらくなるでしょう。

フローチャートは人が処理の流れを理解しやすくするためのスケッチです。私たちが普段使っている言葉にはあいまいな部分がたくさんあります。バグはそのような、あいまいと厳密のはざまに潜み込みます。あいまいな言葉を使って生きる私たちにとって、はじめからバグがないプログラムを書くことはとても難しいのです。

そこで役立つのが単体テストです。単体テストをしっかり行えば、バグがあっても見つけることができます。バグを見つけて、デバッグを行うことで、どこがあいまいだったのか気づくことができます。そして、最終的に正しく厳密なプログラムにたどりつくことができるのです。

はじめから厳密なプログラムを考え抜こうとしたら脳が疲れてしまいます。単体テストを行うことで、もっと肩の力を抜いてプログラムが書けるようになるでしょう。

プログラムを修正したら回帰テストをしよう

バグの原因を突き止め、プログラムの修正ができたからといっても、まだ安心してはいけません。その修正によって別のバグを生み出してしまうことがあるからです。修正によって、もともと正しく動いていた機能が壊れてしまう現象を**デグレ**(degrade)と言います。

デグレを防ぐためには、もう一度はじめからテストをやりなおして確認すると良いです。対話モードを再度起動して、やってみましょう。

すべてを手で打ち込むのは大変ですので、前回テストしたときに入力した文字列をコピー＆ペーストするのがお勧めです。

```
>>> from blackjack import *
>>> calculate_point_of([(2, "♠"), (7, "♡")])  ◀期待値 9
9
>>> calculate_point_of([(9, "♣"), (11, "◇")])  ◀期待値 19
19
>>> calculate_point_of([(12, "♠"), (13, "♡")])  ◀期待値 20
20
>>> calculate_point_of([(1, "♣"), (3, "◇")])  ◀期待値 14
14
>>> calculate_point_of([(13, "♠"), (1, "♡")])  ◀期待値 21
21
>>> calculate_point_of([(1, "♠"), (1, "♡")])  ◀期待値 12
12
>>> calculate_point_of([(2, "♣"), (3, "◇"), (4, "♠")])  ◀期待値 9
9
>>> calculate_point_of([(11, "♡"), (12, "♣"), (13, "◇")])  ◀期待値 30
30
>>> calculate_point_of([(1, "♡"), (1, "♣"), (1, "◇")])  ◀期待値 13
13
>>> calculate_point_of([(1, "♠"), (2, "♡"), (13, "♣")])  ◀期待値 13
13
>>> calculate_point_of([(9, "◇"), (1, "♠"), (12, "♡")])  ◀期待値 20
20
```

デグレもなく、良さそうですね！

このテストは繰り返して行うことから**回帰テスト**と呼びます。回帰テストを何度も行うのは大変だと思うかもしれません。しかし、バグを見落とすことのほうが、あとでずっと面倒なことになるのです。バグの見落としをしないように、単体テストや回帰テストをすることも含めてプログラミングだと考えましょう。

発展

テストを自動化すること

本文中ではデグレの見逃しを防ぐために回帰テストを行うことの大切さを説明しました。しかし、何度もテストをやりなおすのは「面倒」だと感じたのではないでしょうか？　それは問題ありません。これは、第6章のコラム「『面倒』はプログラマーにとって大切な気づき」(P.154参照) で説明した「気づき」の1つです。

実は、私たちプログラマーの間では単体テストを自動化するのが主流になっています。たとえば、標準ライブラリにはunittestというモジュールがあります。これを使えば「単体テストを行うプログラム」を作ることができます。unittestは奥が深く、本書のレベルを超えてしまいますが、みなさんが学習を続ければ、いつか使いこなせる日が訪れるでしょう。

残りのプログラムを書き切ろう

ここまでに書いたプログラムを読み返してみましょう。すでに100行を超えるプログラムになっていますね。このように「振り返るとすごい量を書いていた」ということが、プログラミングではよくあります。

ここまでくれば、ブラックジャックの完成まで後少しです。残りはみなさんの手で書き切りましょう。以下、書き切るまでの手順を示します。

まずは「ハンドがバストしているか」を判定する関数**is_busted**を作りましょう。**calculate_point_of**を使って求めた点数が21点を超えているかどうかを判定するだけですので、難しくないでしょう。

関数**is_busted**が完成すると、スタブ**is_player_busted**、**is_dealer_busted**を置き換えられることに気づくはずです。ディーラーのハンドもプレーヤーのハンドもバストしているかの判定ロジックは同じですから、分ける必要がなかったのですね。その結果**main**関数でバストを判定している箇所は次のようになります。

```
if is_busted(player_hand):  ◀プレーヤーがバストしているか？
    print("あなたの負け")
    return
deck, dealer_hand = dealer_action(deck, dealer_hand)
if is_busted(dealer_hand):  ◀ディーラーがバストしているか？
    print("ディーラーの負け")
    return
```

そして、いらなくなったスタブ**is_player_busted**、**is_dealer_busted**は削除しましょう。

続いて、関数**dealer_action**を実装しましょう。ディーラーアクションは、ハンドの点数をもとにヒットかステイが決まっているので素直に作れるでしょう。

そして、関数`player_action`を実装しましょう。ディーラーアクションと似ていますが、ユーザーの入力を扱うので`input`関数を使うことに注意してください。

最後に、関数`judgement`を実装しましょう。プレーヤー、ディーラーそれぞれのハンドの点数を`calculate_point_of`を使って求めれば、あとは両者を比較するだけですので簡単です。

ひとつひとつの関数を作るときにすることは、今まで説明したやり方と同じです。

- これから作る関数が期待する動作を表にまとめる
- プログラムを書いたら単体テストを行う
- 単体テストでバグを見つけたらデバッグをして原因を突き止める
- 原因を突き止めたらプログラムを直して回帰テストを行う
- 単体テスト、回帰テストで問題がなければ次の関数の作成に着手する

もし、途中でどうしたら良いかわからなくなってしまったら、「どうしたら良いかわかっていた状態」までプログラムを戻しましょう。

ここまで説明したやり方を守って、一歩一歩を進めていけば、必ずプログラムを書き切ることができるでしょう。プログラムを書き切ったら次の節に進んでください。

どうしてもわからない場合は章末のコードを参考にしてください。ただし、なるべく自力で書いてみるようにしましょう。

9.5 結合テストで要件を満たすことを確認しよう

プログラムを一通り書き終え、単体テストをしたらプログラムは完成と言えるでしょうか。機能を作り終えただけでは完成とは言えません。プログラムを完成させたあとも、まだ単体テストで発見しきれないバグがあるかもしれないからです。そこで**結合テスト**を行います。結合テストは、部分と部品を組み合わせたとき、設計で期待した動きをするか確認するテストです。

結合テストは何のために行うのか

単体テストをしっかり行っているのに、結合テストが必要になるのはなぜでしょうか。その理由は次の2つです。

- プログラマーが設計者の意図を取り違えてプログラムを作成していることがある

- そもそも設計が間違っていることがある

前者は、複数人でプログラムを作っているときによく起こります。一方、後者は1人で設計と実装を行っていて、意図の取り違えがなくても起こります。

人間は完璧ではないので、要件を満たすと思った設計が実は間違っていることもあるのです。そのような設計ミスは、プログラムを書いているときに「おかしいな」と気づくこともありますが、気づかないこともあります。そこで、実際にプログラムを動かすことで、設計で意図したとおりに作れているか、設計は要件を満たせているかを確認するのが結合テストの目的です。

要件を満たしたプログラムはどのように動くべきかをまとめる

結合テストを行うためには、プログラムが要件を満たしているとき、どのように動くべきかを知っている必要があります。ここで、要件定義のときの成果物であった、機能リストを振り返りましょう。

(1) ゲーム開始時に必要な機能
- デッキをシャッフルする
- デッキからプレーヤーハンド、ディーラーハンドにカードを2枚ずつ配る
- ユーザーはディーラーハンドの1枚めと、プレーヤーハンドの2枚を見ることができる

(2) プレーヤーアクションをユーザーが入力する機能
- ユーザーの選択に基づいてヒットまたはスタンドの動作を行う
- アクションの中でプレーヤーがバストしたら「あなたの負け」と表示してゲームを終了する

(3) ディーラーアクションを自動で行う機能
- 以下の条件で、ヒット、スタンドの動作を行う
  - 点数が16以下では必ずヒットする
  - 17以上では必ずスタンドする
- アクションの中でディーラーがバストしたら「ディーラーの負け」と表示してゲームを終了する

(4) 勝敗判定を行う機能
- プレーヤー、ディーラーそれぞれの点数を計算する
- プレーヤーの点数がディーラーの点数を上回ったら「あなたの勝ち」と表示してゲームを終了する

- プレーヤーの点数がディーラーの点数と一致したら「引き分けです」と表示してゲームを終了する
- プレーヤーの点数がディーラーの点数を下回ったら「あなたの負け」と表示してゲームを終了する

この機能リストに書いていることを「べき」と読み替えましょう。たとえば「ゲーム開始時に必要な機能」が満たせている場合は次のように動くべきです。

- ゲーム開始時には、デッキはシャッフルされているべき
- ゲーム開始時には、デッキからプレーヤーハンド、ディーラーハンドにカードが2枚ずつ配られるべき
- ゲーム開始時には、ユーザーはディーラーハンドの1枚めと、プレーヤーハンドの2枚を見れるべき
- プレーヤーアクションをユーザーが入力するべき
- プレーヤーアクション中はユーザーの選択に基づいてヒットまたはスタンドの動作を行うべき
- プレーヤーアクション中にプレーヤーがバストしたら「あなたの負け」と表示してゲームを終了するべき

  ：

どうやって確認するかを考える

プログラムがどのように動くべきか確認したら、それをどうやって確認するかを考えます。ここでは、単体テストのように対話モードを使って関数の動きを見るやり方はできません。それでは「部品」の確認になってしまいます。結合テストでは通常の使い方の範囲でプログラムの動きを見なければなりません。

次のようにすれば、ゲーム開始時に「デッキがシャッフルされ」「2枚ずつ配られ」「ディーラーハンドの1枚めと、プレーヤーハンドの2枚を見れる」ことを確認できます。

- 操作内容
  - ターミナルに`python blackjack.py`と入力してプログラムを起動する
- 確認すること
  - ディーラーのハンド1枚が表示されていること
  - プレーヤーのハンド2枚が表示されていること
  - それら表示されるカードは、ゲームを起動するごとに異なっていること

テスト仕様書を作る

プログラムが正しい動きをしていることをどうやって確認するかをまとめた資料を**テスト仕様書**と呼びます。テスト仕様書は表9.5のような表でまとめると良いでしょう。

▼表9.5　ブラックジャックテスト仕様書

確認項目	操作	確認内容	判定
ゲーム開始時に必要な機能	python_blackjack.pyと入力してプログラムを起動	ディーラーのハンド1枚が表示されていること	
		プレーヤーのハンド2枚が表示されていること	
		それら表示されるカードは、ゲームを起動するごとに異なっていること	
プレーヤーアクションをユーザーが入力する機能	python_blackjack.pyと入力してプログラムを起動「ヒットしますか？ y/N >」の表示に対しyと入力	「ヒットしますか？ y/N >」と表示すること	
		引いたカードが1枚表示されること	
		引いたカードを加えたプレーヤーハンドの点数が22点以上のときは「あなたの負け」と表示してプログラムを終了すること	
		引いたカードを加えたプレーヤーハンドの点数が21点以下のときは、さらに「ヒットしますか？ y/N >」と表示すること	
	「ヒットしますか？ y/N >」の表示に対しNと入力	「ディーラーのカードをオープンします」と表示し、ディーラーハンド2枚を表示すること	
		「ディーラーがアクションをするのでEnterをおしてください」と表示すること	
ディーラーアクションを自動で行う機能	「ディーラーがアクションをするのでEnterをおしてください」の表示に対しEnterキーを押す	ディーラーハンドの点数が16以下のときは「16以下なので、ディーラーがカードを引きます。Enterをおしてください」と表示すること	
		ディーラーハンドの点数が17以上のときは「17以上なのでステイします。」と表示すること	

確認項目	操作	確認内容	判定
	「16以下なので、ディーラーがカードを引きます。Enterをおしてください」の表示に対し Enter キーを押す	引いたカードが1枚表示されること	
		引いたカードを加えたディーラーハンドの点数が22点以上のときは「ディーラーの負け」と表示してプログラムを終了すること	
		引いたカードを加えたディーラーハンドの点数が16点以下のときは「16以下なので、ディーラーがカードを引きます。Enterをおしてください」と表示すること	
		引いたカードを加えたディーラーハンドの点数が17以上のときは、「17以上なのでステイします。」と表示すること	
勝敗判定を行う機能	ディーラーがステイするまでゲームを進行	プレーヤーハンド、ディーラーハンドそれぞれの点数を表示すること	
		プレーヤーハンドの点数がディーラーハンドの点数よりも大きいときは、「あなたの勝ちです」と表示してプログラムを終了すること	
		プレーヤーハンドの点数がディーラーハンドの点数よりも小さいときは、「あなたの負けです」と表示してプログラムを終了すること	
		プレーヤーハンドの点数とディーラーハンドの点数が等しいときは、「引き分けです」と表示してプログラムを終了すること	

テスト仕様書に基づいてテストを実施する

テスト仕様書をもとにプログラムを動かして、結果を判定しましょう。テスト仕様書に実施結果の欄を作ってそこにOK、NGを埋めていくと便利です。

もし、テスト項目がNGだった場合はプログラムの問題リスト（イシューとも呼びます）を作ります。問題リストは次のことを記入したテキストファイルにすると良いでしょう。

- 問題番号：問題に通し番号を付けましょう
- タイトル：問題を一言で説明できるタイトルを付けましょう
- 期待する動作：プログラムはどのように動くべきであったのか

```
- 実際の動作: 実際はどのように動いたのか
- 再現方法: 実際の動作を起こすために再現可能な手順
- 原因: あとで記入します
- 対応内容: あとで記入します
```

以下は記入例です。

```
:問題番号: 1
:タイトル: ゲーム開始時点でプレーヤーハンド2枚を知ることができない
:期待する動作: ゲーム開始時点でプレーヤーのハンド2枚を知ることができる
:実際の動作: プレーヤーのハンドのうち1枚しか画面に表示されなかった
:再現方法: python blackjack.py と打ち込んでプログラムを起動
:原因:
:対応内容:

:問題番号: 2
:期待する動作: ...
```

問題を解決する

問題リストを見ながらプログラムを修正します。単体テストでバグが見つかったときとすることは同じで、まずは原因を突き止めます。ときには単体テストで見つけるべきバグの見逃しだったということもあります。

ただ、見るべき範囲が大きいので、原因を見つけることは難しいでしょう。ひとつひとつの関数は今の仕様で良かったのか、フローチャートがそもそも正しかったのか、設計段階から見なおしが必要になることもあります。そもそも、テスト仕様書自体が間違っていたということすらあります。

問題の対応漏れを防ぐため、問題リストに原因と、どのような対応を行ったのか記入しましょう。

```
:問題番号: 1
:タイトル: ゲーム開始時点でプレーヤーハンド2枚を知ることができない
:期待する動作: ゲーム開始時点でプレーヤーのハンド2枚を知ることができる
:実際の動作: プレーヤーのハンドのうち1枚しか画面に表示されなかった
:再現方法: python blackjack.py と打ち込んでプログラムを起動
:原因: 単体テストが不十分でプログラミングのバグを見つけられなかった
:対応内容: プログラムを修正、単体テストの実施
```

問題を解決していく過程では、修正前のプログラムをコピーしておき、いつでも戻せるようにしておきましょう（第7章のコラム「プログラムを書くにあたっての7つのアドバイス」の「アドバイス2：バージョン管理をする」を参照してください）。

結合テスト後の問題修正は、単体テスト後のデバッグよりも難しいです。そのため、できるだけ単体テストでバグを見落とさないようにしたいところです。問題を直すと同時に、どうしたら単体

テストでバグを見落とさないで済んだかを考えてみましょう。

すべての問題が解決したら、回帰テストを行います。もしNGが1つでもあったら、結合テストでのデグレということになります。そのときはもう一度問題解決をやりなおしましょう。

最終的に、テスト仕様書のすべてのテスト項目がOKになったら、結合テストは終了です（表9.6）。

▼表9.6　判定欄にOKを記入していく

確認項目	操作	確認内容	判定
ゲーム開始時に必要な機能	`python␣blackjack.py`と入力してプログラムを起動	ディーラーのハンド1枚が表示されていること	OK
		プレーヤーのハンド2枚が表示されていること	OK
		それら表示されるカードは、ゲームを起動するごとに異なっていること	OK

9.6 プログラムを改良して成長させよう

結合テストが終わればプログラムは完成です。しかし、プログラムは完成して終わりではありません。完成したプログラムを実際に使ってみると、はじめて気づくこともあります。実際に使ってみると「こう動いてほしい」「こういう機能もほしい」と思うことが出てくるはずです。それらを書き留めましょう。

- 「ヒットしますか？」と聞かれたときに現在の点数を表示してほしい
- 勝敗が決まったあとにプログラムを終了せず、もう1ゲームできるようにしてほしい

このようにプログラムに対して「～してほしい」という言葉で表されたものを**要望**と呼びます。このタイミングで要件定義のときに作った「作らない機能リスト」も見なおしましょう。もし、「作らない機能リスト」の中からやはりほしい思うものがあれば要望に加えます。

要望リストをもとにプログラムを改良しよう

要望リストができたらプログラムを改良しましょう。

まず、要望リストに優先度を付けましょう。そして、一番優先度の高い要望から1つ選びましょう。以降は第8章の要件定義以降と同じ流れです。

- 要望をもとに要件定義をして機能リストを作成する
- 機能リストをもとに、フロー、データ、UIを設計する
- 設計をもとに、全体像をトップダウン・プログラミングする
- ボトムアップ・プログミングで関数を実装する
- 関数はすぐに単体テストを行う
- 機能の実装が終わったら結合テストを行う

プログラミングを開始する際は「今のプログラムをもとにどこをどのように修正するのかを考える」という点が初回とは異なります。しかし、どの部分に手をつけるかを見極めるためにトップダウン・プログラミングの視点を利用し、未実装な関数をスタブとして作成するのは同じです。

完成した改良版プログラムを再び使ってみれば、さらに新たな要望リストができるでしょう。そうしたらまた改良を、さらに改良を繰り返して行きましょう。はじめは平凡なプログラムでも、改良によってオリジナリティのあるおもしろいプログラムに成長します。これこそが、プログラミングの醍醐味《だいごみ》なのです。

発展

改良の中でのリファクタリング

プログラムに機能を追加するとき、つぎはぎが多くなって設計に無駄が生まれることがあります。プログラムを改良しながら成長させていくときは注意しましょう。

設計に無駄がある状態を放置すると、徐々に機能の追加や改良が困難になっていきます。その問題を解決するのが、第7章で紹介したリファクタリングという作業です。リファクタリングとは、機能はそのままに保ちつつプログラムを修正し、機能追加や改良を行いやすくすることでしたね。

リファクタリングではプログラムを修正しているので、単体テスト、結合テストを行って機能がそのままであることを確認する必要があります。機能を追加していないのに、プログラミングをし、単体テスト、結合テストを行わなければならないのは無駄なように感じるかもしれません。しかし、将来スムーズに機能を追加できるようにすることは、プログラミングで大事なことなのです。「このプログラムはリファクタリングが必要だ」と感じたら、積極的に行いましょう。

9.7 まとめとプログラム全文

本章では設計までできているプログラムを書き始めるところから、トップダウン・プログラミング、ボトムアップ・プログラミング、単体テスト、デバッグ、結合テストという流れでプログラムを完成させる方法を学びました。プログラムを書き始めたけど完成させられず挫折してしまったという経験をお持ちの方は、この方法でご自身のプログラムを完成させることにチャレンジしてみてください。

筆者によるブラックジャックのプログラム例（全文）を読もう

筆者によるブラックジャックプログラム例の全文を掲載します（リスト9.3）。みなさんが作成したプログラムと比較してみましょう。

自力でプログラムを完成させたうえで、他人のプログラムを読むことはプログラミングの上達に大きく役立ちます。同じ仕様のプログラムでも、人によって書き方が違うことはよくあります。

自分が書いたプログラムとプログラム例が違う書き方をしている場合、それぞれのコードはどの観点で優れているのか考えてみましょう。そして、良いと思った書き方は自分のプログラムに取り入れていきましょう。

▼リスト9.3　ブラックジャックプログラム

```
from random import shuffle


def rank_of(card):
    """カードのランクを取得します

    例:
    >>> card = (13, "♠")
    >>> rank_of(card)
    13

    :param card: カード
    :return: カードのランク
    """

    return card[0]


def suit_of(card):
    """カードのスートを取得します
```

```
    例:
    >>> card = (13, "♠")
    >>> suit_of(card)
    '♠'

    :param card: カード
    :return: カードのスート
    """

    return card[1]


def new_deck():
    """新しいカードのデッキを作ります

    :return: デッキはスペードの1からダイヤの13まで連番で並べられたカードのリスト
    """

    deck = []
    for suit in ["♠", "♡", "♣", "◇"]:
        for rank in range(1, 14):  # トランプの 1(A) から 13(K) まで
            card = (rank, suit)
            deck.append(card)
    return deck


def draw_card_from(deck):
    """デッキからカードを引きます

    :param deck: デッキ ※呼び出し後にカードが1つ減ります
    :return: 引いたカード
    """

    card = deck.pop(0)
    return card


def calculate_point_of(hand):
    """点数を計算します

    :param hand: ハンド
    :return: 点数
    """
    point = 0
    exists_ace = False
    for card in hand:
        rank = rank_of(card)
        if rank == 1:
            # エースはとりあえず1と解釈する
            point += 1
            # 「エースが存在した」フラグを立てる
            exists_ace = True
        elif rank > 10:
            # 11以上のときは常に10足す
            point += 10
```

```
        else:
            # それ以外はカードのランクを足す
            point += rank
    if exists_ace:
        # エースが存在したとき、11と解釈してもバストしなければ11と解釈する
        if point + 10 <= 21:
            # エースが複数ある場合、2枚以上を11と解釈すると22以上となりバストしてしまうので、
            # そのうち1つを11と解釈するため、すでに加算した1に加えて10点足す
            point += 10
    return point


def deal_cards_from(deck):
    """デッキからカードを配ります

    :param deck: デッキ ※呼び出し後に配った分のカードが減ります
    :return: (プレーヤーハンド, ディーラーハンド)
    """
    player_hand = []
    dealer_hand = []

    dealer_hand.append(draw_card_from(deck))
    player_hand.append(draw_card_from(deck))
    dealer_hand.append(draw_card_from(deck))
    player_hand.append(draw_card_from(deck))
    return player_hand, dealer_hand


def prepare_game():
    """ゲームの準備をします

    :return: (デッキ, プレーヤーハンド, ディーラーハンド)
    """
    deck = new_deck()
    shuffle(deck)
    player_hand, dealer_hand = deal_cards_from(deck)

    print(f"ディーラーハンドのうち1枚は {dealer_hand[0]} です")
    print(f"あなたのハンドは {player_hand} です")

    return deck, player_hand, dealer_hand


def player_action(deck, player_hand):
    """プレーヤーのアクションを実行します

    :param deck: デッキ
    :param player_hand: プレーヤーハンド
    :return: (アクション後のデッキ, アクション後のプレーヤーハンド)
    """
    while not is_busted(player_hand):
        player_input = input("ヒットしますか? y/N > ")
        if player_input != "y":
            break
```

```
        drawn_card = draw_card_from(deck)
        print(f"引いたカードは{drawn_card}です")
        player_hand.append(drawn_card)

    return deck, player_hand


def dealer_action(deck, dealer_hand):
    """ディーラーのアクションを実行します

    :param deck: デッキ
    :param dealer_hand: ディーラーハンド
    :return: (アクション後のデッキ, アクション後のディーラーハンド)
    """
    print("ディーラーのカードをオープンします", dealer_hand)
    input("ディーラーがアクションをするのでEnterをおしてください")
    while not is_busted(dealer_hand):
        if calculate_point_of(dealer_hand) >= 17:
            print("17以上なのでステイします。")
            break

        input("16以下なので、ディーラーがカードを引きます。Enterをおしてください")
        drawn_card = draw_card_from(deck)
        print(f"引いたカードは{drawn_card}です")
        dealer_hand.append(drawn_card)

    return deck, dealer_hand


def is_busted(hand):
    """ハンドがバストしているか判定します

    :param hand: プレーヤーハンドまたはディーラーハンド
    :return: バストしていたらTrue、していなければFalse
    """
    return calculate_point_of(hand) >= 22


def judgement(player_hand, dealer_hand):
    """勝敗の判定をします

    :param player_hand: プレーヤーハンド
    :param dealer_hand: ディーラーハンド
    :return: 判定結果メッセージ
    """
    player_point = calculate_point_of(player_hand)
    print("あなたの点数", player_point)

    dealer_point = calculate_point_of(dealer_hand)
    print("ディーラーの点数", dealer_point)

    if player_point > dealer_point:
        return "あなたの勝ちです"
    elif player_point == dealer_point:
        return "引き分けです"
```

```
    else:
        return "あなたの負けです"


def main():
    """ブラックジャックゲームを実行します"""

    deck, player_hand, dealer_hand = prepare_game()
    deck, player_hand = player_action(deck, player_hand)
    if is_busted(player_hand):
        print("あなたの負け")
        return
    deck, dealer_hand = dealer_action(deck, dealer_hand)
    if is_busted(dealer_hand):
        print("ディーラーの負け")
        return
    result = judgement(player_hand, dealer_hand)
    print(result)


if __name__ == "__main__":
    main()
```

発展

V字モデルを知ろう

第8、9章を通じて学んできたのは、ソフトウェア開発の基本であるV字モデルという考え方です。V字モデルは図9.Aのような図で説明されます。

▼図9.A　V字モデル

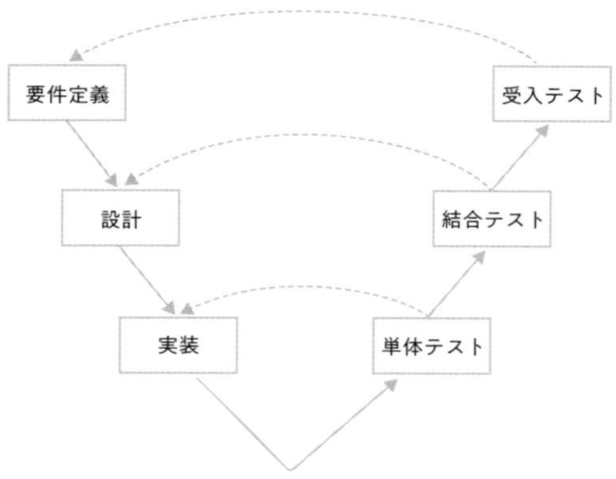

実線の矢印は、プログラムを作るための工程の順番を示しています。「受入テスト」という言葉は今回使用しませんでしたが、要望を出した人がプログラムを実際に使って要望が満たされている

か、さらなる要望がないかを確かめる工程です。本章では自分自身がアイデアを出すという設定だったため、「受入」という言葉は合わないですが、実際に動かして要望を出している部分に相当します。

点線の矢印は検証先を意味しています。単体テストは実装が設計どおりにできているかを検証します。結合テストは設計が要件定義したとおりにできているかを検証します。受入テストは要望どおりに要件定義できていたかを検証します。

V字モデルはIT企業で行われているソフトウェア開発の基本です。もし、今後プログラマーとして企業に就職することを考えている場合は大事な考えになるので覚えておきましょう。

第10章 プログラマーらしさの壁

プログラマーのライフスタイルを知ろう

この章では、プログラミング学習第10の壁：プログラマーらしさの壁（プログラマーらしいライフスタイルがわからない）を乗り越えます。第9の壁を越えたみなさんは、自分でプログラムを書くことができるようになっているでしょう。すでに能力としては「プログラマー」と名乗り始めても良いはずです。しかし、まだその自信が持てないのではないでしょうか？　本章で紹介するプログラマーのライフスタイルを実践することで、「私はプログラマーだ」と自信を持って言えるようになるでしょう。

10.1 プログラマーのライフスタイルとは何か

プログラマーのライフスタイルとは、プログラミングに興味を持ち続け、常に学び続けることです。このようなライフスタイルが必要なのは、プログラミングに関する技術は膨大で、しかも常に新しい技術が生まれ続けているからです。基礎知識をベースにして新しい知識を学び、技術をアップデートしていかなければ、使える技術は古く限られたものになってしまいます。

学び続けることは苦しいことではありません。それは勉強をし続けるというより、プログラマーらしい道具をそろえ、興味を持ち、情報を集め、仲間と出会い、発信することと言えます。具体的にはどうすべきか、次節以降で見ていきましょう。

10.2 リファレンス本を手元に置こう

本書のような入門書では、Pythonの文法や機能を網羅することはできません。そこで必要なのがリファレンスです。リファレンスとはプログラミング言語の文法や機能を広く網羅し、必要に応じて必要な箇所を読むことを目的とした書籍やWebドキュメントです。

Pythonの場合は公式ドキュメント（https://docs.python.org/ja/3/）にすべての情報が網羅されています。

しかし、一部翻訳されていなかったり、プログラミングの知識がある程度以上ある人を想定して書かれていたりするため、初学者にはハードルが高いでしょう。そこで、以下のような書籍を購入し本棚に置いておくことをお勧めします。

(1) Pythonチュートリアル 第4版、Guido van Rossum 著、鴨澤 眞夫 訳、オライリー・ジャパン、2022、ISBN＝978-4-87311-935-9
(2) Pythonエンジニア育成推進協会監修 Python 3スキルアップ教科書、辻 真吾、小林 秀幸、鈴木 庸氏、細川 康博 著、技術評論社、2019、ISBN＝978-4-297-10756-7
(3) 独習Python、山田 祥寛 著、翔泳社、2020年、ISBN＝9784798163642

(1) はPython公式チュートリアル（https://docs.python.org/ja/3/tutorial/）の日本語訳書籍です。公式サイトと異なりすべて翻訳が行き届いています。翻訳本であることが初学者にとってとっつきづらいところもありますが、公式ドキュメントをもとにしているということで信頼感は一番でしょう。

(2) は「Python 3 エンジニア認定基礎試験」を実施しているPythonエンジニア育成推進協会が監修している書籍で、Pythonの基本文法、オブジェクト指向、データ構造やコーディング手法、例外処理、標準ライブラリなど、Pythonプログラミングの知識を1冊にまとめています。

(3) は『独習○○』（○○の中にはプログラミング言語名が入る）という名称でシリーズ化されている入門書群の1つです。そのため、この本に慣れておけばほかの言語を学ぶときも、同じ独習シリーズを買うことで学習がしやすくなるでしょう。文法の説明と練習問題で構成されているので初学者にも読みやすいです。なお、本書第3章を読んで環境構築をされた方は、競合を防ぐため、こちらで説明しているAnacondaは入れずに、本書で構築した環境のまま使うことをお勧めします。

10.3 別のプログラミング言語にも興味を持とう

本書ではプログラミング言語Pythonを使用してプログラミングの学習をしました。しかし、プログラミング言語にはさまざまな種類があり、それぞれ得意な点、不得意な点があります。プログラマーは1つのプログラミング言語のみを使えれば良いというわけではありません。たとえメインで使っている言語が1つだとしても、ほかの言語の知識も覚えておくことはさまざまな点で役立つことでしょう。

ここでは、最初にPythonを学んだ方が次に学んでみるのにお勧めなプログラミング言語を紹介します。

- JavaScript
- C
- SQL

- VBA

JavaScriptはWebのフロントエンドを開発するうえで必須となるプログラミング言語であり、Webプログラマーになることを目指すなら習得すべきプログラミング言語です。

Cは1972年に作られたプログラミング言語です。古い言語ですが、現在でも組込み系の開発で使用されています。ポインタという概念を理解し、メモリの割り当てや解放を明示的に行う必要があるので、初学者には難しいですが、Cを学べばよりコンピュータのしくみを理解し、データ構造やアルゴリズムといったコンピュータサイエンスを学ぶのに役立つでしょう。

SQLはOracle、SQL Server、MySQL、PostgreSQLなど、RDBMSと呼ばれるデータベースに格納されたデータの取得や操作をするための言語です。データベースが使えると大量のデータを保存し、集計することが容易になるので、大量の情報を扱うプログラムを作れるようになるでしょう。

VBAはMicrosoft Officeに付属するWordやExcelなどのマクロを開発するためのプログラミング言語です。仕事でMicrosoft Officeを使っている場合、VBAでマクロが作れると日々の仕事を楽にできるでしょう。

ほかのプログラミング言語を学ぶときも、手順にしたがって学習を進められる入門書と、文法や機能を網羅したリファレンスの2冊を手元に置いて学習しましょう。プログラミング言語は違いますが、本書のアドバイスを読み返すことも「壁」にぶつかったときの助けになるでしょう。

10.4 プログラマー向けの雑誌を購読してみよう

日々新しくなるプログラミングの情報をキャッチアップするには雑誌を購読することも役に立ちます。雑誌には入門記事もありますが、レベルの高い記事も多く、現時点のみなさんにはとても難しく感じるかもしれません。しかし、どんな特集が組まれているのか、どんな連載記事が書かれているのか雰囲気だけでも感じとれれば、プログラミングの世界で何がトレンドなのか知ることができるでしょう。記事を書いている人は第一線で働いている現役のプログラマーであることが多く、毎号1つでも記事を読み解くことができれば大きな成長になるでしょう。

2022年現在、定期刊行されているプログラマー向けの雑誌として以下があります。

- WEB+DB PRESS（技術評論社）
- Software Design（技術評論社）
- 日経ソフトウエア（日経BP）

10.5 資格に挑戦してみよう

何を学んだら良いかわからないときは、資格取得に挑戦するのも1つの目標になります。資格試験は出題範囲が広いため、体系的に学ぶことができます。プログラミング言語やソフトウェア開発に関する資格はたくさんありますが、ここでは以下の2つを紹介します。

(1) Python 3 エンジニア認定基礎試験
(2) 基本情報技術者試験

(1) の「Python 3 エンジニア認定基礎試験」(https://www.pythonic-exam.com/exam/basic) はPythonの基礎文法の理解を問う資格試験です。資格取得の対策を通してPythonを体系的に学ぶことができるので、最初のチャレンジにぴったりです。問題は前述の『Pythonチュートリアル』から出題されるので、Pythonの文法を体系的に学んだ成果を確かめるのにも良いでしょう。

(2) の「基本情報技術者試験」https://www.jitec.ipa.go.jp/1_11seido/fe.html) は経済産業省所轄の独立行政法人、情報処理推進機構 (IPA) が運営する国家試験です。出題範囲が広いためこの資格の勉強をすれば、プログラマーとして知っておくべき知識が広く体系的に学べるでしょう。

10.6 イベントに参加して仲間のプログラマーに出会おう

プログラミング学習でよくある悩みとして「難しい箇所で行き詰まった」「次に何をしたら良いかわからない」「作ってみたいものはあるが、どう実現できるかわからない」ということが挙げられます。そんなとき、仲間がいると情報共有したり相談したりできるため悩みを乗り越えやすくなります。

仲間を作る近道はプログラミング言語のイベントに参加することです。初学者のみなさんがプログラミング言語のイベントに参加することは「ハードルが高そう」「すごい人ばかりで怖そう」と考えてしまうかもしれません。しかし、自分のレベルに合わせたイベントを見つけ、参加するときの心掛けや楽しみ方を知っていれば心配いりません。

まずは、どのようなイベントが行われているかを知りましょう。

イベントの種類を知ろう

プログラミング言語のイベントには大きく分けて3つのタイプがあります。

(1) **勉強会**
いろいろなテーマの講演が行われます。実際に手を動かしながら学ぶ**ハンズオン**という形式もあります

(2) **カンファレンス**
100人程度から1,000人以上まで、さまざまな規模で開催される一大イベントです。多くのプログラマーによる発表や懇親会などを通して、参加者同士が知識を共有しあい、交流を深めます

(3) **もくもく会**
参加者が自身の課題を持ち寄って勉強や開発を進めます。イベントによっては、最後にその日の成果を発表します

イベントに参加するときのコツを知ろう

イベントはプログラミングの情報を共有する場ですが、それだけでなく出会いの場という側面もあります。しかし、初参加で周りに知り合いがいない状態でいきなりほかの参加者に話しかけて交流をするのは難しいでしょう。ここではイベントを楽しんで、仲間を作るコツを紹介します。

Twitterアカウントを作っておこう

プログラマーの間ではTwitterでの交流が盛んです。勉強会で出会った人同士でTwitterをフォローし合えば、タイムラインに同じ技術に興味を持つ人たちの情報が流れてくるようになるでしょう。また、リプライやRT（リツイート）でゆるく技術者同士の輪につながっていくことができるでしょう。

まだTwitterを利用していない人は、Twitterのアカウントを作成しましょう。そしてIDはデフォルトの文字列ではなく、わかりやすいものに設定しましょう。Twitter IDを書いた個人名刺を作っておくことも良いでしょう。その場でIDを教えてフォローし合う時間が取れなくても、名刺を渡しておけばあとで帰宅後にフォローし合うことができます注10.1。

前のほうの席に座ろう

前節(1)(2)の勉強会、カンファレンスのような講演形式の勉強会では、発表者のスライドが見えやすい前のほうの席に座りましょう。発表スライドは情報が多く、全体的に文字が小さくなりが

注10.1) 本書筆者のIDは@susumuisと@NaoY_pyです。ぜひフォローしてください！

ちだからです。スライドだけでなく発表者の顔や動作が見えることによって吸収できることもあります。

さらに、前のほうには意欲が高い人が集まっていることが多いです。前のほうに座って周囲の人の顔を覚えておくと、あとですごい人だとわかって驚くこともあるでしょう。

ハッシュタグを付けて感想をツイートしよう

多くの勉強会、カンファレンスではハッシュタグが用意されています。聴いている最中に思ったことや講演終了後の感想を、ハッシュタグをつけてツイートしてみましょう。ハッシュタグでツイートを検索すれば同じイベントに参加している人の声をリアルタイムに集めることができます。ハッシュタグをきっかけにフォローする人やフォロワーを増やすこともできるでしょう。また、後日検索して復習することにも使えるでしょう。イベント後に登壇者から返信があるかもしれません。

質問しよう

講演を聴いているときに湧いた疑問は、その発表の中で解決できるのが理想です。登壇者から質問を促されたときや質疑応答の時間が設けられたときは勇気を出して挙手してみましょう。「こんなことは初歩的過ぎるかもしれない」と不安になるとは思いますが、ほかの参加者も同じような疑問を持っているということは、実はよくあることなのです。

イベントによっては、Slido (https://www.sli.do/) などの匿名で質問できるWebサービスを使っていることもあります。そのときはチャンスと思って、どんどん質問を投稿しましょう。

もくもく会に行ってみよう

前節(3)のもくもく会形式のイベントに参加することにも積極的にチャレンジしてみましょう。

もくもく会は講演を聞くという受け身ではなく、自ら勉強をしたり、プログラムを書いたりする自発的な場所です。もくもく会に参加することで「自宅では集中力が続かない」「相談できる人が身近にいない」という悩みの解決にもなるでしょう。もくもく会はプログラミング初学者にこそお勧めしたい勉強会です。

自己紹介の時間では自分が何の作業や勉強を行うか、自分はどのレベルであるかをアピールしておきましょう。そうすれば、周囲の経験者の人が困ったときに相談に乗ってくれるかもしれません。同様に、ほかの参加者の自己紹介にも耳を傾けておいて、自分の知識でアドバイスできることがあれば、積極的に教える側になることもあるかもしれません。そのようにすることで、仲間を作りやすくなります。

懇親会に出よう

そして、イベントに懇親会があったらぜひ参加しましょう。本書執筆時点(2022年10月)新型コロナウイルスの流行によってイベントがリモート開催になったり、懇親会が行われなかったりするケースも多いですが、徐々に復活しつつもあります。

懇親会は一緒に学ぶ仲間を作る絶好のチャンスです。懇親会では、すごい人に見えていたエンジニアの意外にフランクな一面を見れたり、発表で触れられなかった裏話などが聞けたりします。わからない言葉があれば恥ずかしがらずに質問してみましょう。そうすることであなたもプログラマーの世界の言葉を吸収していけるでしょう。

「自分はこのようなことを学んでいる」ということを話すことで、一緒に学べる仲間や教えてくれる先輩に出会えるかもしれません。誰に話しかけたら良いか迷ったら、主催者や運営スタッフに話しかけてみるのも1つの手段でしょう。主催者や運営スタッフはより多くの参加者について知っているからです。

イベントを探して申し込もう

日々、大小さまざまなイベントが開催されています。ここでは「connpass」(https://connpass.com)というWebサービスに登録してイベントを探す方法を紹介します。

connpassはITイベント運営者がイベントを告知し、参加者を募集するためのサービスです。connpassに登録すれば、多くの勉強会やカンファレンス、もくもく会を見つけることができるでしょう。

connpassを利用するにはユーザー登録が必要です。まずはログインページ(https://connpass.com/login/)からユーザー登録をしておきましょう(図10.1)。

▼図10.1　connpassのログインページ

ユーザー登録には、メールアドレスを使う方法とTwitter、Facebook、GitHub注10.2のアカウントを使う方法の2つがあります。詳細は、connpassご利用ガイド(https://help.connpass.com/basic/register.html)を参照ください。

図10.2がconnpassのトップページです。上部の検索フォームからPythonで検索してみましょう。

▼図10.2　connpassのトップページ

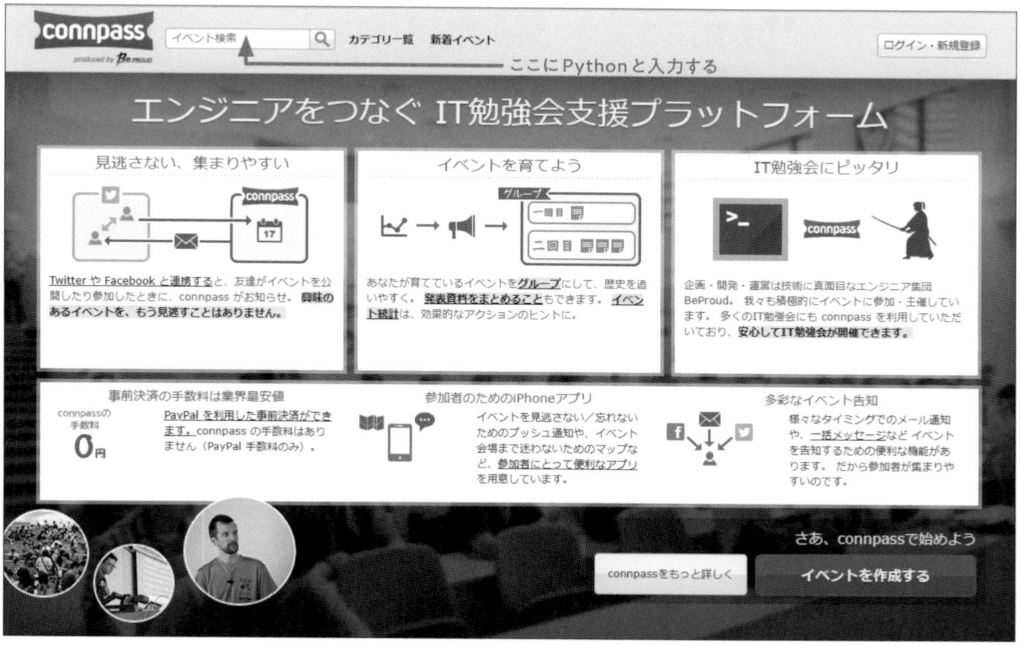

図10.3が「Python」というキーワードでイベントを検索した結果です。いろいろな地域でPythonに関連したイベントが開催されているのがわかります。

注10.2) GitHubは多くのプログラマーに利用されている開発プラットフォームです。プログラムのバージョン管理やレビュー、プロジェクトの管理ができ、オープンソースプロジェクトからビジネス用途まで広く使われています。

▼図10.3 「Python」に関連するイベント

検索フォームにキーワードを入力して検索すると、開催日や開催される都道府県を絞り込むことができます(図10.4)。また、オンライン開催のイベントも検索できます。

▼図10.4 イベントの絞り込み

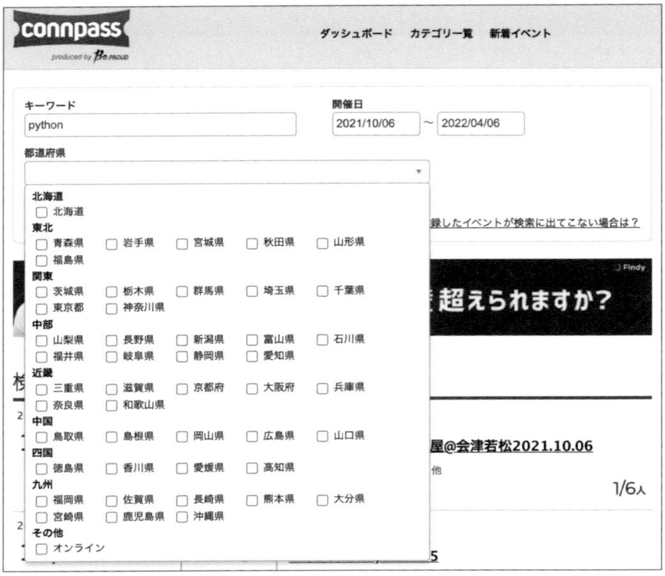

気になるイベントがあったらクリックして、イベントの詳細情報を見てみましょう。開催日時、開催場所、内容などが記載されています。イベントに参加するには［このイベントに申し込む］をクリックします（図10.5）。

▼図10.5　イベントへの参加

本書がお勧めするイベント

どのイベントに参加したら良いかわからない方のために本書がお勧めするイベントをいくつか紹介します。

- みんなのPython勉強会（https://startpython.connpass.com/）
  本書筆者nao_yが運営に関わっています。Web開発から機械学習まで幅広いテーマの講演を聞くことができます。YouTubeで勉強会の模様をリアルタイム配信しています
- メイドカフェでノマド会（https://www.maid-cafe.work/）
  本書筆者のsusumuisが「メイドさんの給仕を受けながら作業をすると捗る」というコンセプトで始めた勉強会コミュニティです。メイドカフェに集まってみんなで各々もくもく作業をするイベントを開催しています。レンタルカフェやレンタル会議室を使って自分たちでノマド

専用のメイドカフェやメイド付きの自習室を開催することもあります。Pythonやプログラミングに限らず、どんな作業や勉強をしてもかまいません

- PyCon JP（https://www.pycon.jp/）
  Python Conferenceの略称で「パイコン」と読みます。1年に一度開催される日本最大のPythonイベントです。2018、2019年の開催では参加者総数は1,000人以上にもおよびました。複数の発表が並行して行われ、テーマはWeb開発、機械学習からPythonの根幹に触れるコアな話題まで多岐に渡ります。過去の発表の様子はYouTube（https://www.youtube.com/user/PyConJP）で公開されています。興味を持った方はチェックしてみましょう

これらに限らず、自分の参加しやすい地域で、自分の興味があるイベントを見つけたら積極的に参加してみましょう。

オンラインイベントへの参加も検討しよう

2020年の新型コロナウイルス感染拡大をきっかけに、Zoomなどのビデオ会議システムやYouTube Liveのような配信ツールを用いたオンラインイベントの開催が広まっています。勉強会、カンファレンスの多くが活発にオンライン開催していますし、もくもく会もオンライン開催されるものが増えてきています。オンラインイベントにはおもに2つの大きな利点があります。

- 遠隔地のイベントに気軽に参加できる
- オフライン開催では座席が埋まってしまうような注目度の高い発表でも最前列にいるかのように聴くことができる

最も大きな利点は日本全国どこで開催されるイベントでも簡単に参加できることです。東京や名古屋、大阪、福岡といった都市圏で開催されるイベントに遠方の人が参加できますし、また地域のコミュニティのイベントに別の地域の人が参加することもできます。

このように、オンラインイベントが普及する以前だったら距離が遠くて参加を見送っていたイベントでも、どんどん飛び込める状況ができあがっています。また、どんなに注目されている発表でも席の位置を気にすることなく、常に資料が見やすい状態で聴けることも利点です。

反面、イベントの臨場感が得にくいということもあります。質疑応答やSNS上での実況をこれまで以上に活発に行って、参加者全員でイベントを盛り上げることが大事です。

column オンライン化におけるコミュニケーションの課題と展望

新型コロナウイルス感染拡大対策としてリモートワークやイベントのオンライン化が進む世の中で、プログラマーは最も早く適応していった職種の1つと言えます。勉強会やカンファレンスのスタッフの尽力によってオンライン開催に移行することで、プログラマー同士の交流は維持されました。

一方で、偶然の出会いから新たな知識を得るといった体験が生まれづらいといった、オンライン上での交流の難しさに気づいたという一面もあります。

オフラインでの交流に戻るにはいくつもハードルがあります。ですが、日頃から問題解決を生業としているプログラマーたちだからこそ、社会情勢とのバランスを取った解決策を見いだすことができるはずです。本書を通じてプログラマーの世界に一歩を踏み出したみなさんとともに、新しいコミュニケーションの場を生み出す方法を考えることができれば幸いです。

コミュニティに参加しよう

勉強会やカンファレンス、もくもく会といったイベントに参加を繰り返すことによって、イベントの上に**コミュニティ**という概念があることに気づくでしょう。

コミュニティは、特定の目的のもと学校や会社という垣根を越えた仲間たちで構成されている集まりです。たとえば、「特定の技術の普及を促進したい」「ある地域のITエンジニアの集まりを作りたい」といった何らかの目的でコミュニティは作られます。勉強会やカンファレンスなどのイベントは、そういったコミュニティ活動の一環で開催されています（企業がビジネスとして行っている場合もあります）。そのため、イベントへの参加を繰り返すことでコミュニティの輪の中に次第に入り込んでいくことができるでしょう。コミュニティに入ることこそ、新たな出会いやチャンスに巡り合うきっかけになります。

コミュニティの一員だと自覚するようになったら「お客様」意識を捨てましょう。そして、コミュニティをより良くするために貢献していきましょう。貢献といっても難しく考える必要はありません。1つの方法として、次にコミュニティに入ってくる初学者の手助けをするのも良いでしょう。少しの手助けでも、そのコミュニティの参加者や運営者に喜ばれ、コミュニティをより良くすることになるはずです。

さらに貢献をしたい場合は、スタッフに立候補したり、運営を手伝ったりしても良いでしょう。そして、いずれは企画を提案する側になって、コミュニティを引っ張る存在になることができるかもしれません。

10.7 日々の学びをアウトプットしよう

日々の学びをアウトプットすることにもチャレンジしてみましょう。学びをアウトプットすることは、知識の定着に役立ちます。それだけでなく、アウトプットをすること自体がほかのプログラマーとの交流につながることもあります。

アウトプットの方法として、ここでは2つの方法を紹介します。

- ブログを書く
- ライトニングトークをする

ブログを書く

ブログの記事を書くことは最も代表的なアウトプットの方法です。自分のメモだと思って学んだことをまとめてみましょう。記事にタグをつけると分野ごとに分けることができて便利です。ブログを書き残すのは**自分の記憶に索引をつける**ことです。新しく学んだことをずっと覚えておくのは困難ですが、書き残しておくことで「～について書いた」という事実を覚えるだけで済みます。

思い出したいときは、辞書の項目を索引からたどるようにして自分のブログを読み返せばいいのです。はてなブログ（https://hatenablog.com/）やnote（https://note.com/）といったブログサービス、Qiita（https://qiita.com/）やZenn（https://zenn.dev/）といったプログラマー同士の情報共有プラットフォームを活用しましょう。

ライトニングトークをする

ライトニングトーク（Lightning Talk）とは、5分程度の短い時間であるテーマについて話していくスタイルの発表です。略してLT（エルティー）と呼ばれます。LTで「登壇」のはじめの一歩を踏み出してみるのはどうでしょうか。

LTのメリットは時間が短く比較的気軽に発表できることです。たとえば「Pythonで○○してみました」のような、自分がしたチャレンジをテーマにしてもOKです。発表内容には正解があるわけではありません。自分がプログラミングに対して感じている楽しさやチャレンジの成果を形にしてみましょう。発表が不安ならば、自分で時間を測って練習をしたり、プログラマー仲間を相手に練習をしてフィードバックをもらったりすると良いでしょう。

資料の準備には少し苦労するかもしれませんが、誰かに伝えることを前提にしてまとめることで、自分の理解が整理され、さらに勉強が必要なことが見えてきます。LTデビューするならば前節で紹介した「もくもく会」が良いでしょう。もくもく会ではその日の成果発表をLTの形式で行うことが多くあります。「勉強会」タイプのイベントでも、LTの時間を取って発表希望者を募っているイベントがあります。たとえば「みんなのPython勉強会」では毎回、懇親会の中でLTが行われます。

10.8 プログラマーの世界に一歩を踏み出すための道しるべ

最終章である本章ではプログラミングの基礎知識を得たあとのみなさんにお勧めすることとして以下のことを紹介しました。

- 文法や機能を網羅したリファレンスを手元に置く
- ほかのプログラミング言語も学んでみる
- 雑誌を購読してみる
- 資格取得を通して体系的に知識をつける
- イベントに参加して仲間に出会う
- 日々の学びを発信する

イベントの参加や発信はハードルが高く感じるかもしれません。しかし、ここに書かれたことを実践していけば、いつの間にかそれらも達成している日が来るでしょう。そのときにはすべての「壁」を乗り越えて「私はプログラマーだ」と言えるようになっているでしょう。そうなったら本書は卒業です。

ここから先、職業としてプログラマーを目指す方も、プログラミングを趣味として楽しむ方も、自分のペースで楽しみながらプログラミングと触れ合ってください。

column 新たなチャンスに巡り合おう

コミュニティに属していると、独学ではできないおもしろい経験ができるチャンスに巡り合えることもあります。筆者（nao_y）はPythonコミュニティに所属していて、2つの貴重な経験ができました。

1つめは書籍のレビューです。たとえば、同じコミュニティにプログラミング入門書を書いている人がいるとします。いったん書き上がると「正しい内容か」「わかりやすく書けているか」を第三者の目で判断するレビューという作業が必要になります。そのレビューを行ってくれる人をコミュニティで募るということがよくあります。

本書も例外ではなく、Pythonコミュニティの仲間たちにレビューしてもらいました。内容が正しいかどうかはある程度の実力の人が判断しますが、「初学者目線」となると豊富な知識ゆえに単純な疑問が出てきにくいこともあります。つまり「初学者目線」のレビューが適任なのは「初学者」なのです。レビューは書籍の完成度を上げる作業ですが、同時に自分の知識の強化にもつながります。コミュニティ内で初学者目線のレビュアーを探している人がいたら、気後れせずに手を挙げてみましょう。レビューに参加したなら、最後までやり切ることが大切です。

2つめは海外PyConの参加です。PyConは世界中のさまざまな国や地域で開催されています。筆者にとって初めての海外PyConはシンガポールで開催されたPyCon APAC 2018でした。このとき、Pythonコミュニティの中でPyCon APAC 2018に一緒に行くツアーが企画され、筆者はそれに参加しました。初めての海外PyConでしたが、海外PyConの参加経験が豊富なメンバーたちのおかげでカンファレンスも観光も堪能できました。きっと1人では、航空券や宿の手配といった渡航の準備やチケット購入を面倒に思って、参加に踏み切れなかったことでしょう。仲間がいたからこそできた経験です。

PyCon APAC 2018で海外PyConを経験したことで、翌年に台湾で開催されたPyCon TW 2019、シンガポールで開催されたPyCon TW 2019には、ツアーという形ではなく、Pythonコミュニティの仲間数人と参加できるようになりました。

多くのプログラマーにとって、海外で開催されるイベントに参加する際の大きな壁は「言葉」でしょう。筆者もけっして英語が得意というわけではありませんが、それでもイベントを楽しむことができました。その理由として、参加者たちの間でプログラミングというテーマが共有されていることが挙げられます。少しでも関心のある分野の発表であれば、聴き取るのが難しくても、スライドを見ているだけで新たな知識を得ることができます。懇親会でも共通のテーマであるプログラミングが活きます。難しい単語を知らなくても「あの発表がおもしろかった」「仕事や趣味の開発ではこういうライブラリを使っている」などさまざまな話題があります。

海外のプログラマーと交流する貴重な機会です。それぞれの国の文化を話題にして話すのも楽しいでしょう。筆者は2019年にシンガポールで出会ったプログラマーたちと日本のSF作品の話をしたことをよく覚えています。会話の流暢さよりも、伝えたい、知りたいという気持ちが大事です。片言でも臆さず話してみましょう。

本書執筆時点、新型コロナウイルス感染拡大対策として各国への入国が非常に難しくなっており、海外PyConへの現地参加が困難になっています。一方、各国でイベントのオンライン化が進んだことにより、自宅にいながらにして世界中のイベントに参加できるようになりました。筆者の周りでも、海外PyConにオンライン参加し、登壇したプログラマーが何人もいます。

知識の共有はイベントの最も大きな意義です。ですが同時に、そこで多くのプログラマーと出会うことも醍醐味だと筆者は考えています。海外のコミュニティのイベントに直接参加できる日常が1日でも早く戻ってくることを願ってやみません。

索引

著者について

石上 晋 (いしがみ すすむ)

株式会社ビープラウド所属。Webエンジニア歴15年、Python歴6年。現在は機械学習からWeb、要件定義から実装まで幅広くこなすシステムクリエーター。システム開発だけでなく、Python基礎やWeb API開発、データ分析の研修講師も担当。メイドカフェでノマド会を立ち上げ、秋葉原文化とIT文化の融合を図っている。メイドさんがいる自習室のメンターや勉強会イベントの主催も行う。

【寄稿】WEB+DB PRESS連載「現場のPython」、『Pythonプロフェッショナルプログラミング』

Twitter：@susumuis

横山 直敬 (よこやま なおたか)

株式会社ビープラウド所属。業務ではサーバーサイド開発に携わり、趣味ではアイドルをテーマにbot開発やテキスト分析、Webスクレイピングなどを学ぶ"推し駆動開発"をしている。

Twitter：@NaoY_py

PyQについて

本書読者のみなさんは、株式会社ビープラウドの提供するオンラインPython学習サービスPyQ®の一部の機能を3日間無料で体験できます。文法の基礎を学べる「Pythonプログラミングをはじめよう」コースと、「標準ライブラリー」コースを学習できます。本書の第5章終了時に確認問題として、あるいは第6章終了後さらに標準ライブラリを学びたいときに活用することがお勧めです。

以下のURLにアクセスし、画面の案内に従って開始してください。

https://pyq.jp/account/join/?pyq_campaign=10wallspy

※体験するにはクレジットカードの登録が必要です。
※キャンペーンの提供は予告なく終了することがあります。あらかじめご了承ください。

カバーデザイン ―― オガワデザイン　小川 純
本文設計・組版 ―― BUCH+
編集 ―― 中田 瑛人

Python《パイソン》でチャレンジするプログラミング入門《にゅうもん》
―― もう挫折《ざせつ》しない! 10の壁《かべ》を越《こ》えてプログラマーになろう

2023年２月９日　初版　第１刷発行

著　者　石上《いしがみ》　晋《すすむ》、横山《よこやま》 直敬《なおたか》
発行者　片岡　巌
発行所　株式会社技術評論社
東京都新宿区市谷左内町21-13
電話　03-3513-6150　販売促進部
03-3513-6177　雑誌編集部
印刷／製本　図書印刷株式会社

定価はカバーに表示してあります。

本の一部または全部を著作権法の定める範囲を越え、無断で複写、複製、転載、あるいはファイルに落とすことを禁じます。

©2023　石上 晋、横山 直敬

造本には細心の注意を払っておりますが、万一、乱丁（ページの乱れ）や落丁（ページの抜け）がございましたら、小社販売促進部までお送りください。送料小社負担にてお取り替えいたします。

ISBN 978-4-297-13292-7 C3055
Printed in Japan

◆お問い合わせについて

本書の内容に関するご質問につきましては、下記の宛先までFAXまたは書面にてお送りいただくか、弊社ホームページの該当書籍コーナーからお願いいたします。お電話によるご質問、および本書に記載されている内容以外のご質問には、いっさいお答えできません。あらかじめご了承ください。

また、ご質問の際には「書籍名」と「該当ページ番号」、「お客様のパソコンなどの動作環境」、「お名前とご連絡先」を明記してください。

お問い合わせ先
〒162-0846
東京都新宿区市谷左内町21-13
株式会社技術評論社　雑誌編集部
「Pythonでチャレンジするプログラミング入門
――もう挫折しない! 10の壁を越えてプログラマーになろう」
質問係
FAX：03-3513-6173

◆技術評論社Webサイト

https://gihyo.jp/book/2023/978-4-297-13292-7

お送りいただきましたご質問には、できる限り迅速にお答えするよう努力しておりますが、ご質問の内容によってはお答えするまでに、お時間をいただくこともございます。回答の期日をご指定いただいても、ご希望にお応えできかねる場合もありますので、あらかじめご了承ください。

なお、ご質問の際に記載いただいた個人情報は質問の返答以外の目的には使用いたしません。また、質問の返答後は速やかに破棄させていただきます。